DK动物百科系列

鱼

和其他海洋生物

英国DK出版社　著

文星　译

赵亚辉　审译

科学普及出版社

· 北 京 ·

Original Title: Everything You Need To Know About
Sharks
Copyright © Dorling Kindersley Limited, 2008, 2012
A Penguin Random House Company
本书中文版由Dorling Kindersley Limited授权科
学普及出版社出版，未经出版社许可不得以任何方
式抄袭、复制或节录任何部分。
著作权合同登记号：01-2020-3717

图书在版编目(CIP)数据

DK动物百科系列. 鱼和其他海洋生物 / 英国DK出版社
著；文星译. -- 北京：科学普及出版社,2020.10
（2023.8重印）
ISBN 978-7-110-10105-6

Ⅰ. ①D… Ⅱ. ①英… ②文… Ⅲ. ①生物学—
少儿读物②鱼类—少儿读物③海洋生物—少儿读物
Ⅳ.①Q-49②Q959.4-49③Q178.53-49

中国版本图书馆CIP数据核字(2020)第068371号

策划编辑　邓　文
责任编辑　白李娜
封面设计　朱　颖
图书装帧　金彩恒通
责任校对　焦　宁
责任印制　徐　飞

科学普及出版社出版
北京市海淀区中关村南大街16号　邮政编码：100081
电话：010-62173865　传真：010-62173081
http://www.cspbooks.com.cn
中国科学技术出版社有限公司发行部发行
惠州市金宣发智能包装科技有限公司印刷
*
开本：889毫米×1194毫米　1/16　印张：5　字数：120千字
2020年10月第1版 2023年8月第9次印刷
ISBN　978-7-110-10105-6/Q • 249
印数：78001—88000 册　定价：58.00元

（凡购买本社图书，如有缺页、倒页、
脱页者，本社发行部负责调换）

For the curious
www.dk.com

目 录

水

水可能是世界上**最常见的**化合物。地球上有**13.9亿立方千米**的水，平均**每人**拥有**215.8亿升**。如果把地球上所有的水都汇聚到一个球体中，它的直径将会是**月球**直径的1/3。有些水来自**数亿**年来许许多多的划破地球大气层的**彗星**；有些水则来自地壳下的"**湿岩石**"，在火山喷发时以**水蒸气**的形式释放到地面上。

科学家发现，有难以计数的动植物

我们真的非常幸运，因为地球与**太阳**之间的距离不远也不近，正好让地球上的水保持液态。如果离得再近一点儿或远一点儿，海洋就会**沸腾**或是**冻结**，而脆弱的**生命**也将不复存在。地球上的生命可能起源于**海洋**，水是所有生命赖以为生的物质。人类的身体大部分由**水**组成。而且，人类可能是由**3.55**亿年前登上陆地的**鱼**类演化来的。

水孩子

人类在生命的前9个月是一种水生生物，因为在母亲怀孕期间，胎儿一直安安稳稳地蜷缩在母亲充满羊水的子宫里。

生活在地球上的水环境中。

开阔 海洋

开阔海洋是地球上最大的生境。在远离大陆的海洋上层水域，成群结队的鱼儿和各种各样的水中居民在海水中畅游。而在更深处的海域，奇形怪状的深海居民在黑暗中等待着自己的美餐。

什么 动物生活在 开阔海洋中?

- 鲱鱼：一种肉食性鱼类，人们很喜欢食用。
- 沙丁鱼：它们游来游去，一直到被做成罐头为止。
- 金枪鱼：以鲱鱼和沙丁鱼为食——然后自己被鲨鱼和人类吃掉。
- 剑鱼：这种大型鱼类是很有名的垂钓鱼种。
- 海豚：在开阔海洋集成小群捕捉猎物。
- 鲨鱼：生存于世界上的任何海域。
- 鲸：还有什么别的地方能让这个大家伙住下吗?

许多鱼类一生不停地游动。它们有时也会顺着洋流而小憩一下。水能够支撑它们的身体，所以它们不用消耗很多能量，也不容易感到疲劳。

巨藻 森林

巨藻森林就像陆地上的热带雨林，不过取而代之的是巨大的海藻。在茂密的藻叶中，鱼儿就像来到了一个安全的天堂。海獭把自己裹在巨藻丛中，以免在小憩时被海流卷走。尽管气候寒冷，这里依然是一个生物繁茂的生境。

什么 动物生活在 巨藻森林中?

- 海胆：巨藻森林中的有害生物，它们啃食藻叶，切断藻茎，造成海藻的死亡。
- 蝾螺：是你平常在花园中见到的蜗牛的漂亮亲戚，它们也会在海藻上啃出小洞。
- 矶蟹：巨藻森林中的清洁工，负责清理死亡的藻叶。
- 蝙蝠海星：在海床上慢慢挪动，吃掉上面覆盖的有机碎屑。
- 蓝平鲉：成群生活在海藻丛中，以水母和浮游生物为食。
- 海獭：当它们肚皮朝天地浮在海面上吃海胆的时候，看起来酷极了。

海胆和海蜗牛以海藻为食。你应该也吃过海藻吧? 甚至可能在用海藻刷牙，这是因为有许多东西都是用某些种类的海藻制成的，包括冰激凌、果冻及牙膏。

海洋生物在各种各样的海域中安了家，以下是四种最受欢迎的水栖生境。

寒冷
极地

地球的两极覆盖着厚厚的冰川，这里有着世界上最寒冷的海域。冰层为饥饿的北极熊和熙熙攘攘的企鹅提供了落脚之地。令人惊奇的是，这些冰冷的水中竟然充满了生命，最近科学家已经在这里发现了成百上千个新物种。

什么 动物生活在寒冷极地？

- 磷虾：这种微小的甲壳类动物是鲸、海豹和鱼类的美食。
- 北极熊：能在海洋中长距离游动，去寻找食物。
- 巨型海蜘蛛：这种8条腿的动物能长到盘子大小。
- 企鹅：在水下的时间和在冰面上一样长，是在水下"飞行"的鸟类。
- 海参：这种软绵绵、黏糊糊的动物喜欢生活在寒冷、深黑的海床上。
- 海象：用它们长长的獠牙扎进冰层，借此把自己拖到冰面上。

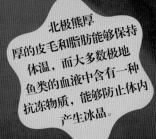

北极熊厚厚的皮毛和脂肪能够保持体温，而大多数极地鱼类的血液中含有一种抗冻物质，能够防止体内产生冰晶。

珊瑚
礁

多姿多彩的珊瑚礁上布满了可供鱼儿藏身的孔穴和缝隙。珊瑚有各种各样的形状和大小，有些长得像树木，还有些像莴苣、餐盘或是扇形，甚至还有一种布满褶皱的球状珊瑚，看起来就像人类的大脑一样。

什么 动物生活在珊瑚礁？

- 鲨鱼：在珊瑚之间巡游，寻找它的下一顿美餐。
- 海葵：这种美丽的生物看起来就像海洋中的"花朵"，伸展开长长的触手捕获猎物。
- 海星：有些种类的海星会吃掉珊瑚虫，毁掉珊瑚礁。
- 小丑鱼：人人都知道这种可爱的鱼儿最喜欢和海葵生活在一起，为自己找了一把有毒的"保护伞"。
- 管虫：具有类似珊瑚的骨质管，人们经常把它和珊瑚弄混。
- 章鱼：这种软体动物喜欢隐藏在珊瑚礁的缝隙间。

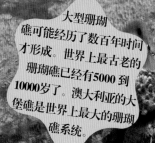

大型珊瑚礁可能经历了数百年时间才形成。世界上最古老的珊瑚礁已经有5000到10000岁了。澳大利亚的大堡礁是世界上最大的珊瑚礁系统。

水世界中的家谱

地球上所有的动物分为两大类：**无脊椎动物**和**脊椎动物**。这两个大类又分为许多小类，这里就是海洋生物的分类图。

沙蚕

漂浮水母

扁形虫

泳动水母
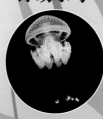

钙质海绵

珊瑚虫和海葵

管形虫

管状海绵

无脊椎动物的种类远远超过了脊椎动物——世界上有超过**1500万种**无脊椎动物，分为33个大类，这里列出的只是最常见的一些种类。

海绵动物　　　　腔肠动物　　　　蠕虫动物

无脊椎动物······

哺乳动物，例如鲸、
海豚、海豹和海象

蛤、牡蛎和扇贝

蛇尾海星

爬行动物，
例如海龟

海生昆虫

海蛞蝓和
海蜗牛

海参

鱼类，
例如鲨鱼、鳐鱼、
鲱鱼和三文鱼

虾、蟹和龙虾

章鱼、鱿鱼和
乌贼

海胆

海蜘蛛

海星

有些
脊椎动物是
海洋中**最大的**
生物。

节肢动物　　　软体动物　　　棘皮动物　　　脊索动物

以及更多的**无脊椎动物……**　　　　**脊椎动物**

什么是

地球上最早的鱼出现在迄今4.6亿年以前。这些最古老的鱼也是有史以来第一种拥有脊椎的动物。和鱼类相比，我们可是地球上的新居民！世界上大概有25000种鱼。流线型的身体、光滑的体表及遍体覆盖鳞片的鱼类，简直就是天生的游泳健将。

鱼类的特征

鱼

- **鳃** 呼吸器官，就像我们的肺一样。鳃由许多薄片状组织构成，上面布满血管，可以从水中吸收氧气。
- **鳞片** 覆盖在鱼类的体表，由非常薄的骨组织构成，防止鱼类体内的水分散失。
- **鳍** 帮助鱼类游泳，有时也用于保护自己（特别是鱼鳍上长满棘刺的种类），分为双鳍和单鳍。
- **变温** 大多数鱼类的体温和外界水环境的温度一致。
- **内骨骼** 鲨鱼和鳐鱼的骨骼是软骨质的，其余的鱼类都拥有硬骨骨骼。

鱼会喝水吗？

海洋鱼类喝下大量的海水，然后将多余的盐分排出体外。淡水鱼通过皮肤、口腔、鳃来吸收水分。

鳃盖覆盖并保护鱼鳃

鲸鲨

奇妙的"大"与"小"

虽然同属鱼类，可是体型的大小却相差悬殊。世界上最大的鱼是鲸鲨，有15米长。而最小的鱼是短壮辛氏微体鱼，只有7毫米长。

短壮辛氏微体鱼

涟漪效应

鱼类靠肌肉供能在水中游泳。此时，肌肉收缩并带动脊椎呈波浪状运动，尾鳍左右摆动，如同划桨一样向前推动身体。其他鱼鳍起着"掌舵"及"刹车"的作用。有些鱼类还能逆波浪而行，并向后游动。

角鲨

细小的鳞片减少了
水的阻力

背鳍能防止
鱼体翻滚

尾鳍

成对的胸鳍用以
保持平衡

这不是鱼……而是哺乳动物

人们很容易把一些海洋生物当成鱼，其实它们是哺乳动物，与我们人类的亲缘关系比鱼类还要近。海生哺乳动物包括鲸、海豹、海狮、儒艮、海牛等。这些动物都是胎生，并用乳汁哺育后代。

凌近一点儿看看吧！
鲸连游泳姿势也不像鱼。

鱼类左右摆动尾巴向前游动，而海生哺乳动物则采用上下拍打尾部的泳姿。

哺乳动物的特征

- **胎生** 哺乳动物直接产下幼崽。
- **内骨骼** 坚固的骨骼为身体提供了理想的支撑框架。
- **哺乳** 新生的幼崽通过吮吸母亲的乳汁生长发育。
- **肺** 哺乳动物呼吸空气，所以，海生哺乳动物必须定期浮到海面上来换气。
- **恒温** 哺乳动物通过消耗能量来保持自己的体温（高于周围水温）。
- **抚养后代** 哺乳动物会精心照料自己的幼崽。

海牛、儒艮
正如它们的名字，这些大型的海生哺乳动物像陆地上的牛一样以水草为食。

一头鲸可以"歌唱"超过30分钟!

鲸之歌

鲸和海豚是吵吵闹闹的生物。每只个体都拥有属于自己的声音，出生后不久的小鲸和小海豚就能发出独一无二的声音。鲸和海豚用声波与其他成员"交谈"，有时也用来寻找配偶。这种声音在海洋中能传播很远。

海豚发出"嗒嗒"声，并通过回声来辨别四周环境、寻找猎物，这叫作回声定位（与蝙蝠在漆黑的山洞中飞行的道理一样）。海豚的回声定位精确得不可思议，它们不仅能知道一个物体的位置，甚至连大小和形状都知道得一清二楚。

我看见你了!

当海豚游泳的时候，会不停地发出"嗒嗒"声，这种声波随水传导，一旦在附近遇到障碍物，声波就会反射回来，海豚就能听见。

称为"鲸油体"的瓜状脂肪体，可以聚焦鼻道发出的"嗒嗒"声。

喷气孔

鼻道

耳

发出的声波

反射回来的声波经过海豚的下颌传到耳中

海豚
海豚是一类小型的齿鲸，大多数生活在海洋里，也有一些种类生活在淡水中。

海豹、海狮、海象
这些肉食性动物大多数时间都待在水中，不过它们还是要回到岸上产息。

鲸
这只虎鲸又叫杀人鲸，是齿鲸家族中体型最大的成员。

鲨鱼

鲨鱼不仅有着和我们一样的全部感觉——视觉、听觉、嗅觉、味觉、触觉，而且还拥有一种独特的感官，这让鲨鱼在水中所向披靡。

60

游得最快的鲨鱼是灰鲭鲨，游速能达到97千米/时。

鲨鱼体内能自己合成抗生素，抵抗有害的细菌和真菌。

第六感

鲨鱼具有能探测电场的"第六感"。所有的生物都会发出微弱的电信号，而鲨鱼可以凭借尖尖的吻部中充满黏液的微管感受到这些信号。轮船上的引擎和推进器也会发射出这种电信号，有时鲨鱼就把轮船错当成了猎物，并袭击它们！锤头双髻鲨利用电感受器搜寻埋藏在海床沙层中的鱼类。大多数鲨鱼则在靠近猎物、准备展开致命一咬的时候，利用这个电感受器定位目标。

鲨鱼一生脱落的牙齿能达到8000~20000颗。

鲨鱼的咬合力十分惊人。有些种类的鲨鱼平均每颗牙齿的咬合力有**60千克**——足以撕裂猎物最坚韧的皮肉。

鲸鲨是世界上最大的鲨鱼。

关于这些海洋里最大的鱼类的真相……

白斑角鲨

是一种小型鲨鱼，
寿命超过

100 岁。

黑鳍尖鲨

视觉

大多数鲨鱼的视力都很好，有些种类的鲨鱼还能看见颜色。许多鲨鱼都有着大大的眼睛，便于在昏暗的水下环境也能看清目标。所有的鲨鱼都有眼睑，但它们不能闭上眼睛。不过有些鲨鱼具有瞬膜，在伏击猎物的时候可以关闭，用来保护眼睛。大白鲨在猛冲向前、撕咬猎物的一瞬间，会转动眼球并藏在眼窝中，这时候它不得不依靠其他感官了。

嗅觉

海水中的一滴血液能引来数千米之外的鲨鱼，这种说法有一点儿夸张。不过鲨鱼确实能探测到数百米远的鱼类发出的气味。在鲨鱼尖尖的吻部下方长有一对鼻孔，当它们游动时，水流就会进入这对鼻孔。一旦鲨鱼觉察到了猎物的气味，就会来回摆动头部确定气味来源的方位。鲨鱼还利用嗅觉寻找配偶，甚至导航。

角鲨

触觉

鲨鱼的皮肤能感受触觉。它们常常先闻一闻或试着咬上一口，来判断猎物是不是可以吃。鲨鱼还能通过体上的一排由特殊细胞组成的侧线感受水流的波动，从而精确地定位目标。

侧线

> 你千万别发现我呀！

牛鲨既能生活在淡水中，又能生活在**海水**中，所以有时候会在河流里发现它们。

听觉

虽然鲨鱼看起来没有耳朵，但它们确实能听到声音。鲨鱼对低频的声波特别敏感，甚至能听到海洋中几千米之外传来的声音。

味觉

鲨鱼的味蕾长在口腔里，而不是舌头上。有些鲨鱼什么活物都吃；而有些则比较挑食，还会把不喜欢吃的东西再吐出来。不过，无论哪种鲨鱼都会先咬猎物一口，这对我们来说可不是件好事。

一只成年鲸鲨能长达 **15** 米，比一辆公共汽车还长。

劈波
斩浪的 " 鲨鱼皮"

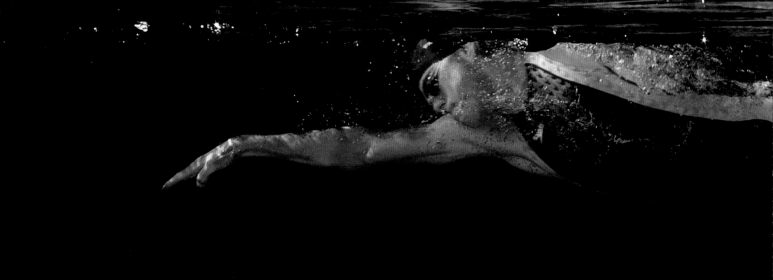

紧身泳衣可以让奥运会
游泳运动员游得更快，比如加里·霍尔。
不过，紧身泳衣并不是唯一的秘密武器。

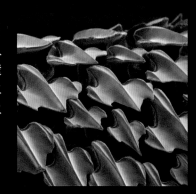

在显微镜下放大的鲨鱼皮肤，显示出许多微小突起，这些突起叫作盾鳞。正是这些小突起帮助鲨鱼在水中快速游动。因为水流经粗糙的表面时不会产生涡流，周围的水能更迅速地流过，因此就减少了水的摩擦力。

"鲨鱼皮"泳衣的表面布满了粗糙的纤维，非常类似鲨鱼的皮肤。制造商说穿上"鲨鱼皮"泳衣可以让泳速提高3%。

游速最快的鲨鱼比奥运会游泳冠军快10倍。虽然我们游不过鲨鱼，但科学家已经发明了一种新型泳衣，能让我们游得更快。这种泳衣用特殊材料制成，通过模拟鲨鱼的皮肤表层，可以减少运动员在水中的阻力。因此，人们给这种令人不可思议的泳衣起了个响亮的名字——"鲨鱼皮"泳衣。穿上"鲨鱼皮"泳衣，运动员在一次比赛中能缩短1~2秒的时间，这看起来很少，但却常常是决定胜负的关键。

有些游艇现在也穿上了"鲨鱼皮"——其实是在船体上喷涂了一种模仿鲨鱼皮肤的新型涂层。这种新型涂层有着特殊的粗糙表面，让海藻、藤壶等海洋生物很难附着，保持了船体的清洁。

有两种类型的鲸:
有牙齿的
没牙齿的

没有牙齿

巨大的蓝鲸每天都要吃掉大量的食物,它们咽下海水,过滤出其中的小鱼小虾(比如磷虾)将其吃掉。在蓝鲸的嘴里长着许多长长的薄片,称为鲸须,能起到筛子的作用。利用鲸须滤食,一头蓝鲸每天要吃掉3600千克的磷虾。

的奇迹

一口吞！

开饭了

鲸张开嘴，吞下满口海水，然后闭上嘴，用舌推挤海水通过鲸须滤出，水中的小鱼小虾就被鲸须"截获"了。

要吃这么多

在夏季的觅食期，一头蓝鲸每天要吃掉 **400 万只**磷虾。

"嗨！我们就是磷虾。"

在6秒钟内吞进一卡车海水

毫无疑问，磷虾是地球上最繁盛的动物。雌磷虾每年有两次产卵期，每次产下大约 2500 枚卵。真是儿女满堂！

长须鲸是一种游速很快、胃口惊人的鲸，能在仅仅6秒钟内就吞下足以装满一辆中型卡车的海水，滤食其中的磷虾。想象一下它含着这么多海水的时候，嘴巴该有多么巨大呀！

须鲸的种类

来看一看鲸须

鲸须由许多骨质板组成，每块骨质板都具有角质的薄片边缘，能够截获磷虾等小猎物。这些带有角质边缘的骨板能长达4米。有些鲸的上颌每侧长有700多块骨板。

北露脊鲸

小须鲸

塞鲸

4米

弓头鲸和露脊鲸——速泳健将，通过迅速上浮来追击小鱼虾群。这类鲸的咽喉部分能伸展开来，容纳大量的海水。包括座头鲸和小须鲸。

须鲸——有着巨大的头部，游速很慢。它们在大多数时间里，都一边张着大嘴一边缓缓游动，随时准备吞食小鱼虾。

灰鲸——不像其他的须鲸，灰鲸主要在海床上觅食，它们搅起泥沙，在混沌中滤食大量的小虾、海星及蠕虫。

深度超过了珠穆朗

潜入深海

你是一名勇敢的潜水员，马上就要潜入这个海洋层的下潜过程中，在经过5个海洋层的下潜过程中，最危险的深海区。你将会遭遇各种稀奇古怪的海洋生物（一定要带上一个强大的手电筒，越来越寒冷。你将会遭遇各种稀奇古怪的海洋生物（一定要带上一个强大的手电筒，越来越黑暗，周围变得越来越黑暗，下潜，否则，你就会像一个乒乓球一样，被水下巨大的压力压扁。

自由潜水运
动极富挑战性和危险性。潜水员不携带氧气瓶，必须屏住呼吸尽可能深地潜入海中，甚至深达160米。在这个深度，人类的肺会被巨大的水压压缩到比拳头还小。

鲭鱼

绿海龟

镰状真鲨

200米

阳光带

从海面到200米深处的海域称为阳光带。在这里，充足的阳光直射进来，浮游植物等海洋植物茂盛地生长，食物充足，是海洋中最热闹的地方。你能在这里发现数百种其他各种各样的鱼类及呼吸空气的海洋动物（比如海豚和海龟）。

在微光带，必须做好水压保护措施。1934年，美国人威廉姆·毕比、奥蒂斯·巴顿乘坐他们设计的深海球形潜水器，下潜到923米的深度。现在，你可以穿上一种硬质的特殊潜水服，下潜到600米深处。

狼鱼

浮游海参

警报水母

微光带

在微光带，只有少量昏暗的光线能透射进来，无法维持海洋植物的正常生长。在这里，你将会见到一些有趣的生物，比如鱿鱼、章鱼、水母、狼鱼及神秘的浮游海参（这是一种动物）。

巨章鱼

1000米

要想到达黑暗带，必须乘坐潜水器——一种能承受巨大压力的小型潜艇。在过去的40年中，最有名、潜水次数最多的潜水器就是美国的"阿尔文号"，它一次能载3人，最深下潜到4500米的深度。

吞游鳗

20

珠峰的高度

海水会稀释并分解各种生物的尸体，其中，珠峰完全沉没在海浪之下。

88500米

10910米

6000米

4000米

抹香鲸

等足类动物

深海蟹

蛇鳗

鲛鳒鱼

黑暗带

这里似乎完全是漆黑一片。哦！还是有一些光亮的——深海生物自己发出的光。你可能会在这些乌贼身上撞上一只巨型乌贼，或从海面下潜到此处捕食这些乌贼的抹香鲸。在有些地方这里就是海底了，生活着深海海星、管虫等生物。

深渊带

在大多数地区，深渊带就是最深的海域了。海底上覆盖着黏稠的淤泥。你将会看到微小的、像跳蚤一样的桡足动物及像巨型潮虫一样的等足类动物，还有会发光的深海怪鱼。这里的海洋动物主要以上层海域沉降下来的动植物残体、有机碎屑为生。

超深渊带

继续下潜的话，你将会发现一条深深的海沟。这个陡然下落的深度区域就是超深渊带，在希腊语里的意思是"地狱"。这里有着令人难以想象的压力，但还是生活着一些顽强的生物，比如深海水母、蛤，比目鱼及长相奇特的鲛鳒鱼。

在这个海洋带已经无法再用普通的潜水器了。离开"阿尔文号"吧，现在该登上特殊的深海潜水器了，比如亚洲的"蛟龙号"、日本的"深海6500号"就是不错的选择。深海6500号非常坚固，能潜到海面下6500米处的超高水压。

只有一艘潜水器来到过这里——美国的"特里亚斯号"，它可载俩人，曾在1960年下潜到了世界大洋的最深处，离海面大约10910米。不过这艘深潜器现在已经不能用了。

现在你看见我了……

我是一只埋藏在海底沙砾层中的
孔雀鲆，生活在加勒比海的多巴哥岛附近。

谁是最难看的呢？

在漆黑的深海里，美丽的外貌一点儿用处也没有，对于那些没有被大自然母亲赋予好看外表的生物来说，这应该是一件好事。这里是最丑陋海洋生物评选大赛，我们已经列出了前三名，你来评判一下吧！

鲉鱼

这位参赛选手不光是长得难看，还非常危险，它的背上长着有毒的棘刺。

毒蛇鱼

任何牙医都帮不了这个长着一口龅牙的家伙——它的尖牙实在是太大了，撑得它根本没办法闭上那张坑坑洼洼、会发光的大嘴。

五彩鳗

令人生畏的大嘴、竖起的鼻瓣，让这条鳗鱼看起来有些吓人。

红唇蝙蝠鱼

我比它们所有的鱼都要丑，看看我的鼻子！

世界上所有的化妆品都没法增加这位挑战者的魅力，还好它生活在漆黑的深海中。

壁鱼

这只浑身布满斑点和突起的小怪物生活在珊瑚礁上层的浅水区。

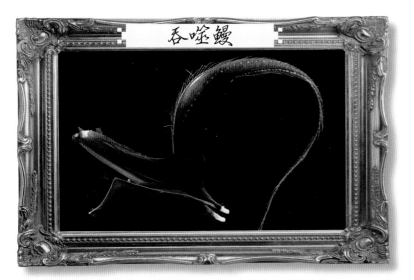

吞噬鳗

这条鳗鱼长着一个巨大的嘴巴，和细锥状的身体完全不成比例。

盲鳗

这条恶心的鳗鱼能分泌大量的黏液。

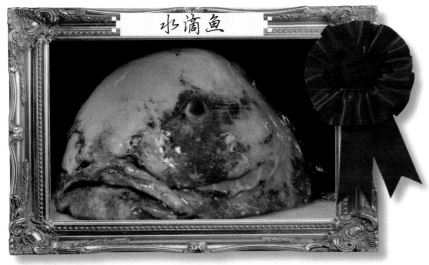

水滴鱼

塑身锻炼对这位参赛选手毫无意义，因为它几乎没有肌肉，全由凝胶物质构成，整个身体就像一个软塌塌、湿乎乎的肉球。

海洋生物的家

海洋生物常常生活在一些不同寻常的地方。

鲑鱼的皮肤

皮肤里的这些寄生虫常常会引起疾病，甚至导致鲑鱼死亡。

珊瑚礁

珊瑚礁里总是一番熙熙攘攘的景象，这里提供了丰富的食物和隐蔽所。

寄居蟹

当我长大一些后就要搬家了。

鲸的皮肤

这些搭便车的家伙紧紧地贴附在鲸的体表上，它们从海水中觅食。

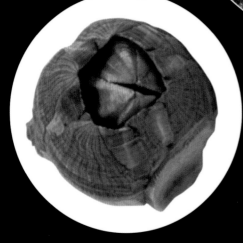

藤壶

我的家大极了，而且一直在移动。

你能把这些生物和它们的家连起来吗？

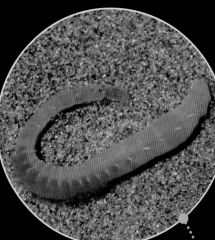

空螺壳
这个坚硬的外壳可以保护居住者柔软的腹部。

海龙
我的家是一个容易藏起来的好地方。

沙蚕
我住在自己挖的洞里。

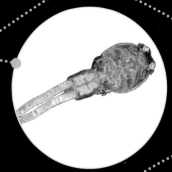

鱼虱
我不用费力寻找食物，直接在家里大吃大喝。

沙洞穴
沙堆下的洞穴。

海草
藏在这些长长的海草丛中的动物很难被发现。

主刺盖鱼
我的家非常多姿多彩。

惹来杀身之祸

　　早在史前时代，人们就开始捕杀鲸来食用了。但一直到17世纪至19世纪，捕鲸业才成为一项庞大的产业，每年有数千头鲸被捕杀。为什么要捕鲸呢？因为鲸脂可以炼成燃料油，用于工业和家庭照明。到了20世纪初期，由于过度捕杀，有些鲸已经濒临灭绝的边缘。

怎样捕鲸

　　在19世纪，数百艘捕鲸船纵横大洋。船队常常连续航行数月，追踪捕杀抹香鲸和露脊鲸。一旦捕鲸船锁定一只鲸，就会派出一组船员乘坐小船靠近目标，他们用系着绳索的捕鲸叉猛击鲸，然后将尸体拖上捕鲸船。接着就开始了残忍的分割过程：船员把鲸剖开，切割下鲸脂，放进大炼油锅内加热，提炼出一桶桶的鲸油。

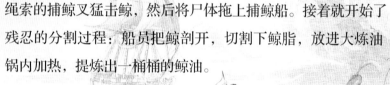

拯救鲸的人

　　1846年，亚伯拉罕·季斯纳发明了从煤中提取煤油的技术，煤油是一种比鲸油更清洁、更便宜的燃油替代品。在此后30年间，煤油逐渐取代了鲸油。捕鲸业这才开始衰落，鲸总算逃过一劫。

拯救鲸

雨伞骨架

梳子

油还是调料?

英国人约翰·朱伊特深深着迷于北美洲西北部地区努特卡人的文化。他在传记中记述了努特卡人把鲸油当作一种食品调味料——甚至连草莓都要搭配鲸油一起吃。

鲸油的用途

制作肥皂

鲸油 19世纪,最重要的鲸油来自抹香鲸的头部,用途非常广泛。

鲸肉和鲸脂 因纽特人及其他北部居民的传统食物,目前在日本依然是受欢迎的海味。

鲸油 在英语中,鲸油又称为"火车油",其实它与火车一点关系都没有,这个名称来源于古老的荷兰语,意思是"泪滴"。

鲸脂的用途

制成蜡烛

用于点灯

鲸须的用途

胸衣

鲸须 像弓头鲸和露脊鲸这类的须鲸,主要是由于嘴里的鲸须而遭到捕杀。

硬质刷子

龙涎香的用途

龙涎香 抹香鲸肠道里分泌的一种黑色的蜡状物。19世纪,龙涎香是制造高级香水的重要原材料。

在 贝壳里面 有 什么呢

身体柔嫩的动物必须找到保护自己的方法。有一些动物长着棘刺或含有毒素，以免被捕食者吃掉。还有一些动物则覆盖着坚硬的贝壳，当危险来临的时候，它们就把柔软的身体缩进贝壳，让天敌无处下口。

✳ 扇贝

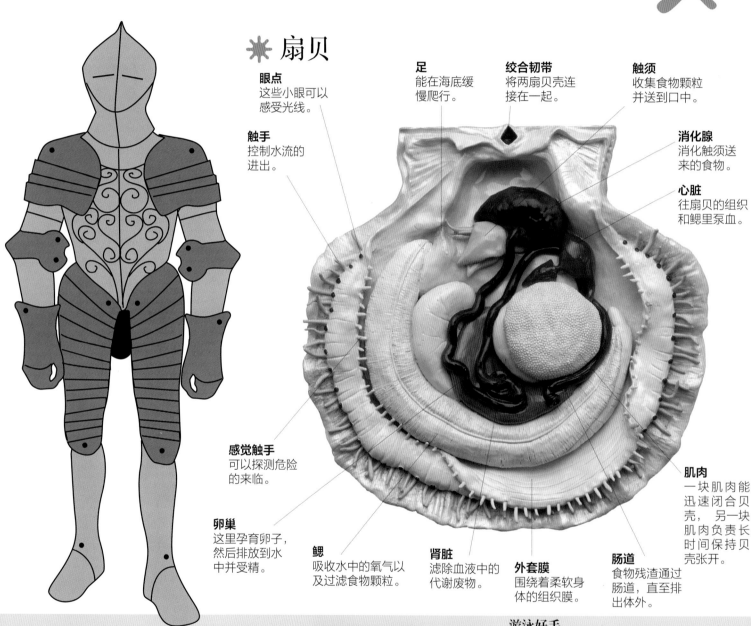

眼点
这些小眼可以感受光线。

触手
控制水流的进出。

足
能在海底缓慢爬行。

绞合韧带
将两扇贝壳连接在一起。

触须
收集食物颗粒并送到口中。

消化腺
消化触须送来的食物。

心脏
往扇贝的组织和鳃里泵血。

感觉触手
可以探测危险的来临。

卵巢
这里孕育卵子，然后排放到水中并受精。

鳃
吸收水中的氧气以及过滤食物颗粒。

肾脏
滤除血液中的代谢废物。

外套膜
围绕着柔软身体的组织膜。

肠道
食物残渣通过肠道，直至排出体外。

肌肉
一块肌肉能迅速闭合贝壳，另一块肌肉负责长时间保持贝壳张开。

人类有着内骨骼，在运动灵活的同时，暴露在外的皮肤和肌肉却容易受到伤害。几百年来，人类发明了许多在战斗中保护自己的装备，比如中世纪的骑士穿着厚厚的铠甲，看起来就像一只巨大的金属龙虾。

游泳好手
扇贝、贻贝及蛤蜊属于双壳类，都有两瓣顶端连接的贝壳。不过，扇贝不能完全紧闭贝壳。

虽然扇贝通常都是安安静静地生活在海底，但它们也能通过迅速地拍打两扇贝壳喷出水流，让自己游上一会儿呢！

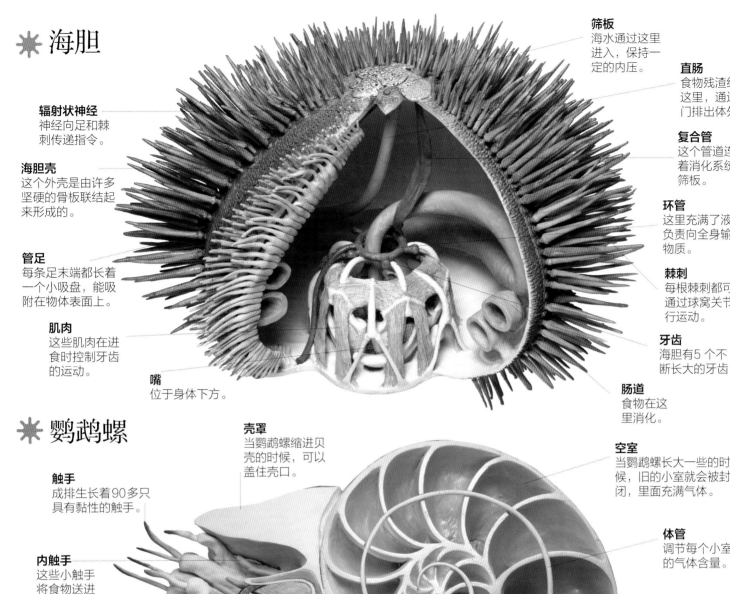

✳ 海胆

辐射状神经
神经向足和棘刺传递指令。

海胆壳
这个外壳是由许多坚硬的骨板联结起来形成的。

管足
每条足末端都长着一个小吸盘，能吸附在物体表面上。

肌肉
这些肌肉在进食时控制牙齿的运动。

嘴
位于身体下方。

筛板
海水通过这里进入，保持一定的内压。

直肠
食物残渣经过这里，通过肛门排出体外。

复合管
这个管道连接着消化系统和筛板。

环管
这里充满了液体，负责向全身输送物质。

棘刺
每根棘刺都可以通过球窝关节进行运动。

牙齿
海胆有 5 个不断长大的牙齿。

肠道
食物在这里消化。

✳ 鹦鹉螺

触手
成排生长着90多只具有黏性的触手。

内触手
这些小触手将食物送进嘴里。

排水管
水流通过排水管喷射出来，推动鹦鹉螺向后运动。

舌
舌上覆盖着密密麻麻的小牙齿。

壳罩
当鹦鹉螺缩进贝壳的时候，可以盖住壳口。

鳃
吸收水中的氧气。

消化腺
食物在这里消化。

空室
当鹦鹉螺长大一些的时候，旧的小室就会被封闭，里面充满气体。

体管
调节每个小室中的气体含量。

生殖器官
雌性或雄性的生殖器官。

嗉囊
食物在进入胃之前先储存在这里。

心脏
在体内泵血。

肾
清除血液中的代谢废物。

肠
食物在这里消化，或经过这里直至排出体外。

"刺儿头"

要想保护自己，棘刺是个不错的办法，海胆正是这么做的。在海胆体表的棘刺之间，还长着一排排小小的管足，用来在海底缓缓挪动。海胆的嘴长在身体下方。在棘刺之间，还生有细小的毒钳。

"公寓房"

鹦鹉螺有着螺旋形的外壳，这个外壳分成许多小室，像排列紧密的出租公寓间一样，它自己就住在最外面、也是最大的那一间里。当鹦鹉螺长大一点儿之后，就会制造出一个新的、更大一点儿的"房间"。而被闲置的小"房间"则充满了气体，帮助鹦鹉螺在水中上浮。鹦鹉螺利用喷射出的水流游泳，可惜只能向后游。

鱼类的身体内部是什么样的?

所有的鱼类都具有内骨骼,与我们人类一样。大多数的鱼类,包括鳕鱼和金鱼,骨骼是硬骨质的;而鲨鱼和鳐鱼的骨骼是由软骨组成的,更轻、更有弹性。

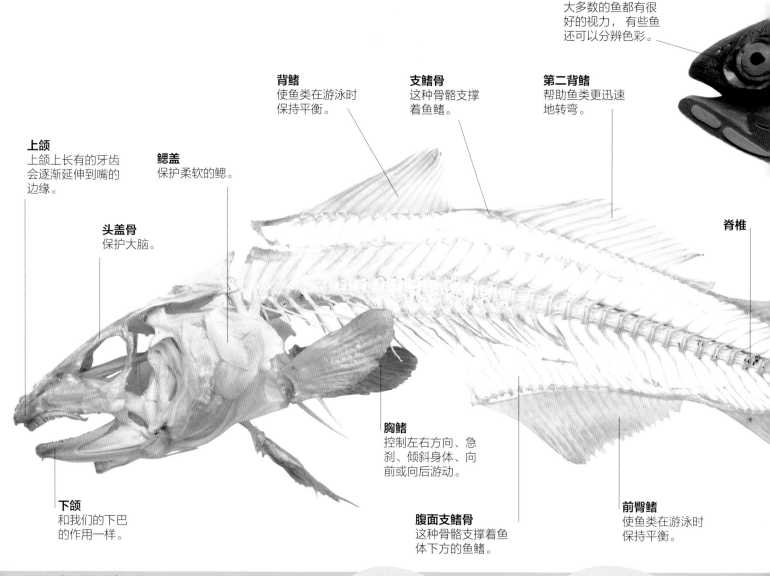

眼睛
大多数的鱼都有很好的视力,有些鱼还可以分辨色彩。

背鳍
使鱼类在游泳时保持平衡。

支鳍骨
这种骨骼支撑着鱼鳍。

第二背鳍
帮助鱼类更迅速地转弯。

上颌
上颌上长有的牙齿会逐渐延伸到嘴的边缘。

鳃盖
保护柔软的鳃。

头盖骨
保护大脑。

脊椎

下颌
和我们的下巴的作用一样。

胸鳍
控制左右方向、急刹、倾斜身体、向前或向后游动。

腹面支鳍骨
这种骨骼支撑着鱼体下方的鱼鳍。

前臀鳍
使鱼类在游泳时保持平衡。

游泳的艺术

为了在水中活动,鱼类进化出了能够在水中下潜和上浮的本领。硬骨鱼类具有鳔,让它们不用向前游动,就可以停留在水中的某个位置。尾鳍提供了向前的推进力,其他鱼鳍则负责操控。软骨鱼类没有鱼鳔,它们在水中不得不一直不停地游动,才不会沉入水底。软骨鱼类都具有宽大的胸鳍,在游动时可以帮助抬起头部。

大多数的鱼类在水中以一系列的S形波浪运动的方式游动。

首先,鱼类将头部摆向一边,身体的其他部位也开始向同样的方向移动。

当鱼体在进行波浪运动的时候,尾鳍也开始摇摆,推动鱼体向前。

脑
脑接受感觉器官传来的各种信号，并发出指令，让身体及时作出反应。

脊髓
脊髓位于脊柱中，将脑发出的信号传递给肌肉和各种器官。

肾
将血液中的代谢废物排出体外。

肌肉
结实有力的肌肉让有些鱼类可以在汹涌的洋流中疾驰。

侧线
充满黏液的管状感觉器官，可以探测到水流的波动。

鳃
鳃是由许多薄膜状结构组成的，具有丰富的血液供应，可以从水中吸收氧气。

心脏
心脏将血液泵到鳃，然后再流经整个身体。

鳔
硬骨鱼类可以通过控制鳔中气体的含量，让身体漂浮在水中的某个水层。

肠
食物进入胃里初步消化后就来到肠，营养物质在这里吸收进入血液。

卵巢
雌鱼制造卵子的器官，鱼卵成熟后排入水中，与雄鱼的精子结合受精。

软背鳍
不是所有的鱼类都有两个甚至三个背鳍。

后臀鳍
有些鱼类只有一个臀鳍。

尾椎

尾鳍
尾鳍的作用就像船舵一样。

鱼类的身体

绝大多数鱼类的内脏器官都位于身体下方的腹部，其余部位都是结实的肌肉。鱼类的身体和鱼鳍都覆盖着一层柔韧而富有弹性的皮肤，表面还覆盖着一层保护性的鳞片。

在水中呼吸

鱼类通过鳃吸收水中的氧气，并排出二氧化碳。首先，鱼类将水从嘴吞咽进去，然后流经鳃，在这里完成气体交换，最后张开鳃盖，将水排出体外。

鳃

水流　　　鳃盖

然后头部摆向另一个方向，开始新一轮的波浪运动。

接着，鱼体跟随头部的方向摆动，同时摇摆尾鳍以向前运动，并准备向另一个方向运动。

漫漫归途

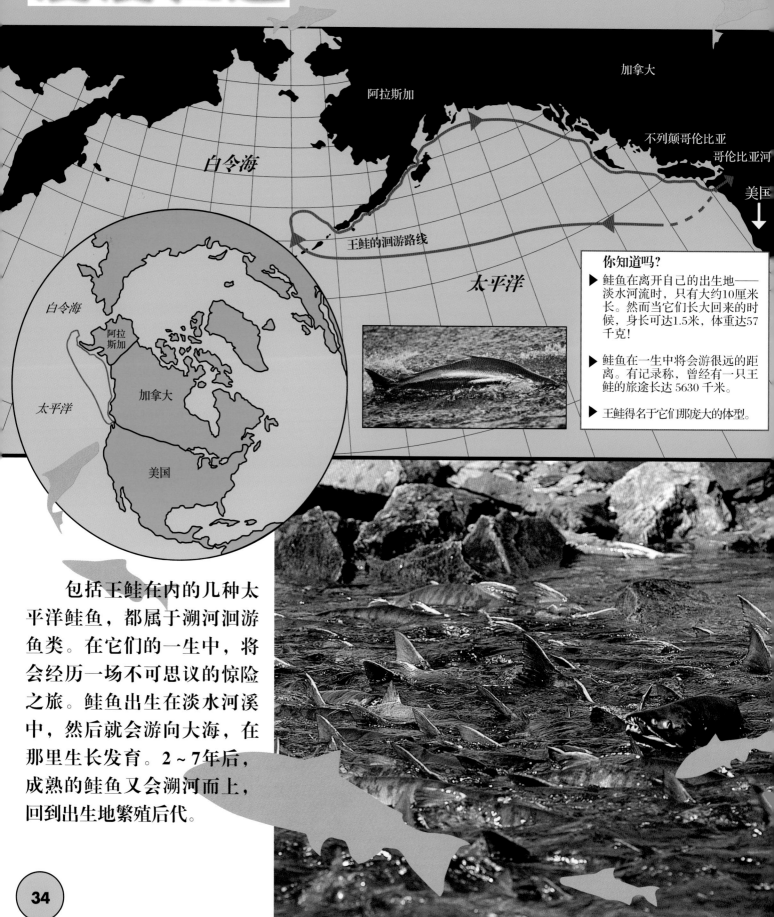

加拿大

阿拉斯加

白令海

不列颠哥伦比亚

哥伦比亚河

美国 ↓

王鲑的洄游路线

太平洋

白令海

阿拉斯加

加拿大

太平洋

美国

你知道吗?

▶ 鲑鱼在离开自己的出生地——淡水河流时,只有大约10厘米长。然而当它们长大回来的时候,身长可达1.5米,体重达57千克!

▶ 鲑鱼在一生中将会游很远的距离。有记录称,曾经有一只王鲑的旅途长达 5630 千米。

▶ 王鲑得名于它们那庞大的体型。

包括王鲑在内的几种太平洋鲑鱼,都属于溯河洄游鱼类。在它们的一生中,将会经历一场不可思议的惊险之旅。鲑鱼出生在淡水河溪中,然后就会游向大海,在那里生长发育。2~7年后,成熟的鲑鱼又会溯河而上,回到出生地繁殖后代。

① 我是一条雌性鲑鱼。现在我已经成年了，准备长途跋涉到遥远的出生地去产卵。没人知道我怎么找到回去的路——是根据洋流、星空、太阳的位置、地球磁场，还是靠灵敏的嗅觉？我只知道自己必须要上路了。

② 虎鲸（杀人鲸）一直在追杀我们，不过有很多兄弟姐妹逃脱了。同时，只要我们察觉到有海狮靠近，就会立刻加速游走。我差一点就没命了，真是惊险！

③ 我们跟随洋流，每天要游超过56千米，就这样不知不觉中游了两个月。一路上我们会吃掉大量的食物，比如小鱼、小虾、乌贼等，把自己养得壮壮的。

放了我吧！

④ 一旦我们抵达河口，就开始动用储存的能量来游泳——没有时间去觅食了，我们必须一心一意地赶路。在淡水里，我的体色开始变暗，不过雄性鲑鱼的体色却变得明亮了。渔夫伺机守在河口捕捉我们。我被抓住了，不过我拼命地挣扎，终于挣脱啦！可有些伙伴就没那么幸运了……

⑤ 我用灵敏的嗅觉找到了通往河流上游的路。在拦河大坝里，人类特别修筑了"鱼道"，供我们通过。那些没有找到鱼道的同伴，就会在寻找出口的过程中因为精疲力竭而死去。

鱼类一级一级地跳上鱼道，最后通过水坝。

⑥ 太好了！尽管游了那么远，但我还拥有足够的体力跃过湍急的瀑布。可是，就在瀑布的顶端，许多棕熊正"熊"视眈眈。吃得大腹便便的它们，甚至只在抓到的鲑鱼身上咬一口，就扔掉而去抓另一条鱼了。白头海雕则是来自空中的危险——它们趁我们从水中跳起来的时候，猛冲下来抓住我们。

⑦ 在一阵头昏脑胀之后，我总算游过了一片混浊的水域，这里由于漂流着采伐的树木及挖掘河底泥沙，造成河水浑浊不清。万一有淤泥堵塞鱼鳃，我就会因为无法呼吸而死去。我还侥幸逃过了被工农业废弃物毒死、被漂流的伐木和搅起的碎石砸死的厄运。

⑧ 最终抵达目的地的时候，我简直是筋疲力尽了。我精心选择了产卵用的巢穴。在这里，大块的岩石是我们的遮蔽处，流水为后代提供了足够的氧气，多沙砾的河床让卵可以藏身其中，免于被捕食者吃掉。

⑨ 我不停地摆动身体和尾巴，在河床上挖出了一个浅坑，这就是我产卵的巢穴了。我产下大约8000枚卵，我的丈夫让这些卵受精。然后我用沙砾将这些受精卵盖好，保护我的小宝宝。

⑩ 我终于完成了一生中唯一一次繁衍后代的任务，几个星期后就死去了。

⑪ 我的鲑鱼宝宝在沙砾层下孵化出来，它们不吃不喝，仅靠卵黄囊内的营养物质生长发育，几个月以后才能游动和觅食。

我是谁？

如果你像一只小虾一样大，看到的水下世界是什么模样呢？右边的每一幅图片都是什么动物呢？

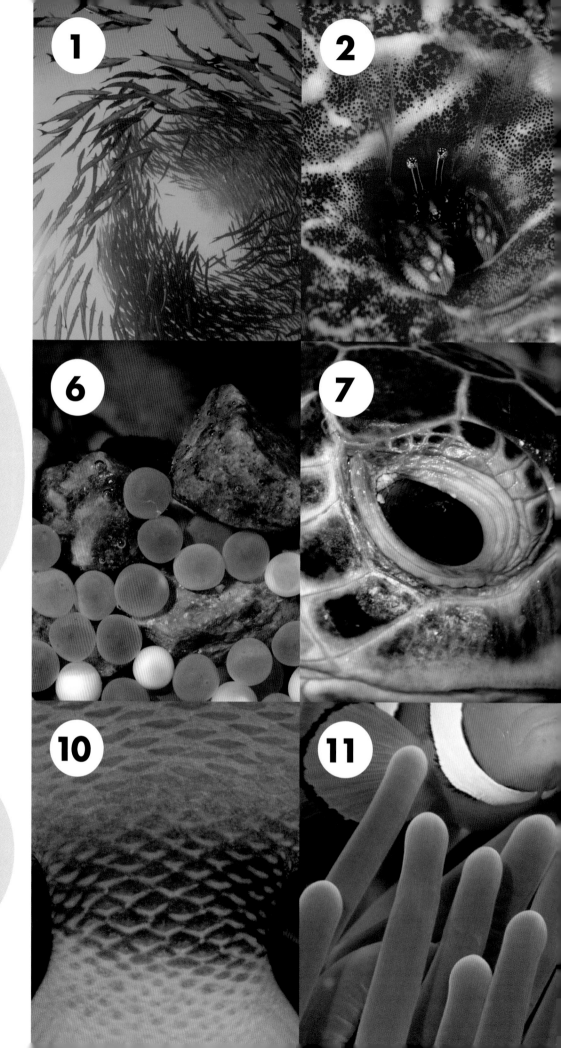

1.一群梭鱼

2.藏在蠕虫洞穴里的寄居蟹

3.大白鲨

4.黑斑石斑的鱼鳍

5.橙斑虾虎鱼

6.海鳟的卵

7.海龟的眼睛

8.大砗磲的进水管

9.白金龙（舒氏冠海龙）

10.神仙鱼的尾巴

11.海葵里的小丑鱼

12.海百合

13.海月水母

14.蓑鲉的棘刺

啊……

350伏

电鲶

这种鱼就像一个活电池。电鲶可以根据不同的需要控制放电的距离和强度，比如在黑暗中导航、寻找猎物或击退敌害。

200伏

电鳐

当古希腊人和古罗马人得了偏头痛时，医生开出的药方是一条电鳐。医生把活电鳐放在病人额头上，认为发出的电流能治愈头痛。实际上，电鳐电击带来的麻木感可以起到镇痛的作用，这种疗法也许真的有效。这种鱼的发电器官位于头部附近。

50伏

瞻星鱼

这种个头很小的鱼大部分时间都埋在海底的沙层中。虽然瞻星鱼的电压比较低，但最好别踩到它。它释放的电流（从眼睛后方发出）也足够让你跳起来。

触电的

一些鱼类的身体里有一种特殊的细胞，可以产生电流！它们用电流捕捉猎物、吓退敌害——也会让我们触电。

快来发现难以置信的秘密！

真相

电鳗

放电能力最强的鱼非裸背电鳗莫属了。不过，电鳗并不是真正的鳗鱼，而是属于弓背鱼。电鳗可长达2.5米，长长的、扁扁的尾巴占据了身体的大部分，发电器官就位于尾部，由三对"电池板"组成，宛如一串电池组。在搜寻猎物时，电鳗释放微弱的电信号探测，就像雷达一样。电鳗生活在光线昏暗、浑浊不清的河流中，能见度极差，好视力在这里可派不上用场。而电鳗随着年龄的增长，视力也在不断下降，更加依赖电信号探索水下世界。

高电压

650伏

电鳗释放出的强大电流比普通家用电压高出3~5倍。

海洋是"鱼吃鱼"的世界。看一看这些成对的鱼儿，找一找哪些是亲密伙伴，而哪些是彼此的仇敌。哪些鱼儿会帮助身边的朋友？又有哪些会吃掉自己的猎物？

棱皮龟与水母

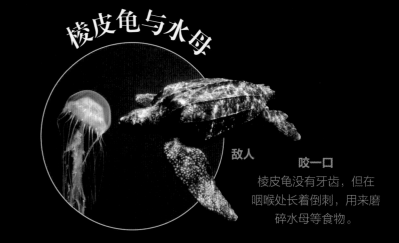

敌人

咬一口
棱皮龟没有牙齿，但在咽喉处长着倒刺，用来磨碎水母等食物。

军舰鱼与僧帽水母

朋友

致命的触手
军舰鱼常常在僧帽水母的触须间游来游去，这样就吸引了其他鱼儿前来，成为僧帽水母的美餐。

朋友还是敌人？

䲟鱼与鲨鱼

搭便车的朋友
䲟鱼靠头顶的吸盘吸附在鲨鱼的身体上，周游四海。它们以鲨鱼皮肤上的寄生虫及鲨鱼吃剩下的食物碎屑为食。不过，科学家目睹过一只鲨鱼吃掉一条䲟鱼的场景。

咱们晚饭吃什么？

今晚来个外卖吧，怎么样？

给我留点儿，哥们！

寄居蟹与海葵

朋友

活动的贝壳

一只海葵附着在一只寄居蟹的贝壳上，用自己有毒的
触手为它提供了保护；反过来，海葵也可以得到
寄居蟹吃剩下的食物碎屑，而且还能搭乘
免费的"出租车"。

帝王虾与海参

朋友

骑士向前冲

这只帝王虾趴在一只海参的背上，跟
随它从一个觅食地来到下一个觅食
地。不过，海参不能从这位搭便车的
骑手身上得到任何好处。

嗯嗯嗯嗯！
你看起来好吃极了。

鲨鱼与章鱼

敌人

个头大小的问题

章鱼经常葬身饥肠辘辘的鲨鱼腹中。
不过，如果遇上一只潜藏起来的大章鱼，
就该鲨鱼小心一点了。大章鱼会出其
不意地袭击鲨鱼，并吃掉它们。

虎鲸与蓝鲸

敌人

群体围猎

虎鲸没有被蓝鲸巨大的身躯吓退，它们
暂时还会捕捉小蓝鲸。当虎鲸发现一对蓝
鲸母子后，就会想办法将雌鲸与小鲸分开，
然后凶猛地攻击毫无抵抗能力的幼鲸。

太平洋清洁虾与石斑鱼

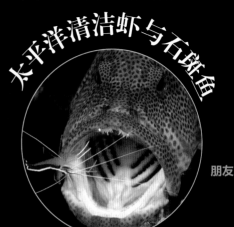

朋友

"死亡"之嘴

这只太平洋清洁虾正在石斑鱼的
嘴边上爬来爬去，难道没有危险吗？
哦，原来清洁虾正在为石斑鱼清理
口腔，吃掉里面的寄生虫。

41

四斑蝴蝶鱼

清洁鱼摆出特殊的姿势，表示已经准备好开始工作了。

私人清洁师

　　这只小虾好像马上就要成为裸胸鳝的开胃点心了，其实它非常安全，因为它正在全心全意地为顾客服务呢！小清洁虾会在海鳗全身上下搜索一遍，清除掉所有的寄生虫。

　　别担心，这张大嘴并不会闭上。其实这只巨大的石斑鱼正在让一只裂唇鱼清理它嘴里的食物残渣。裂唇鱼穿着一身黑白相间的醒目"制服"。

70%

在黑暗带海域中生活的海洋动物都能自己**发光。**

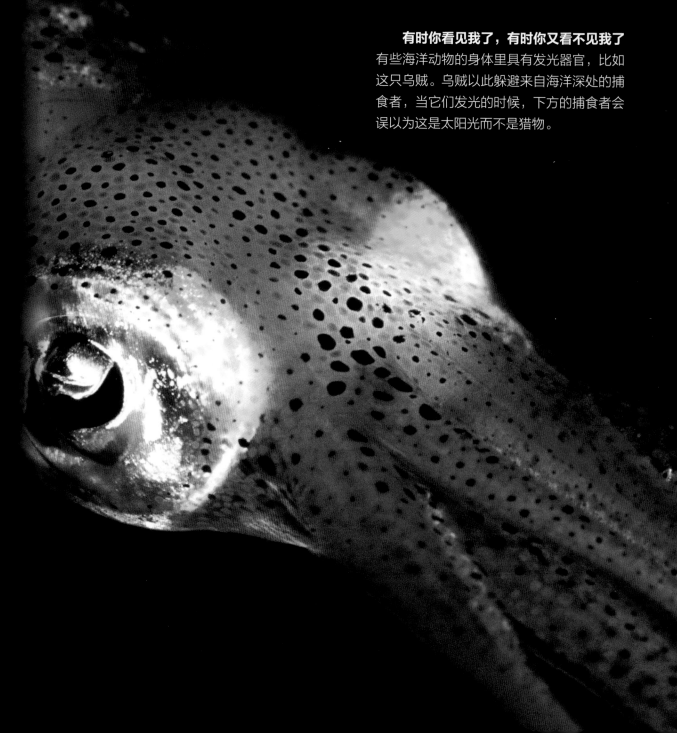

有时你看见我了，有时你又看不见我了
有些海洋动物的身体里具有发光器官，比如这只乌贼。乌贼以此躲避来自海洋深处的捕食者，当它们发光的时候，下方的捕食者会误以为这是太阳光而不是猎物。

眼睛中的亮光

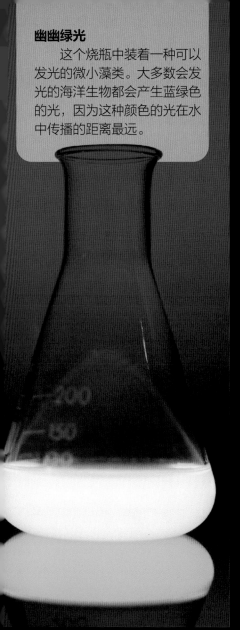

在漆黑一片的深海， 很容易就能躲藏起来不让敌人发现你的踪影，不过也经常会不小心撞上其他生物。所以，生活在黑暗水域的动物们就进化出了独特的本领——拥有自己能随意控制的"灯光"，这个过程就叫作**生物发光**。

生物发光是一种叫作荧光素的化合物进行化学反应的过程。科学家认为，发光动物在黑暗中产生光亮有几个原因：有些动物利用这些光线进行交流，有些则用来吸引异性。一些鱿鱼和甲壳动物在遇到敌害时，会排出一团生物发光物质来吓退敌人。光线还能用于诱捕猎物。

走开！

其他一些动物利用生物发光来迷惑敌人。大多数栉水母可以喷射出一团发光微粒，分散捕食者的注意力。还有一些水母的身体边缘生有成排的发光器官，突然闪烁时可以惊吓敌人，而它们在挥舞发光的触手时可以诱捕自己的猎物。

快来这儿吧！

除了四处觅食、寻找猎物之外，其实你还有一个选择——让猎物来找你。比如深海里的鮟鱇鱼，会利用自己身上一根发光的"钓鱼竿"，或嘴里一个发光的亮点，来吸引毫无防备的鱼儿"上钩"。这种亮光也能用于寻找异性，闪烁的亮光能告诉对方自己是雄性还是雌性。

闪烁的海面

出海的水手常常在夜航时，发现船体周围的海面发出了奇异的亮光。这其实是海水中一种称为腰鞭毛虫的微小生物造成的。数以百万计的腰鞭毛虫让海水在白天看来是赤红色的（又称为赤潮），受到打扰时就会发光。到了晚上，航行中的轮船搅动了海面，刺激腰鞭毛虫发光，形成了美丽的海洋发光现象。这些生物在遇到敌害时也会发光，不过这时它们希望引来更大的捕食者，能够把危害自己的敌人抓住并吃掉。

在黑暗中生存

500米

1000米

1500米

2000米

2500米

大海深处是一个漆黑、寒冷的世界。深海的压强极大，潜水员如果没有保护措施就无法生存。这里的食物十分稀少，常常只有零星的一点有机碎屑。尽管如此，这里依然生活着一些十分独特的动物。

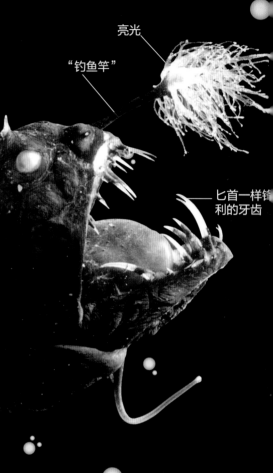

亮光

"钓鱼竿"

匕首一样锋利的牙齿

深海里的"渔夫"

　　这只长相奇特的动物叫作鮟鱇，它会用一根"钓鱼竿"及"诱饵"诱捕猎物。这根"钓鱼竿"是它头上一根突起的棘刺，末端有一盏发出蓝绿色光的"小灯"，这就是"诱饵"了。鮟鱇摇动着这团亮光，吸引不明所以的小鱼靠近，然后猛地张开大嘴将小鱼一口吞下。

这是美国纽约的帝国大厦，高449米。

钓鱼

隐身衣

　　银斧鱼的身体两侧各有一排发光器官，发光面朝下，起到伪装的作用。原来，从海底向上看时，银斧鱼发出的光与水面上透射下来的微弱光线混为一体，让天敌发现不了自己的身影，就像"隐形"了一样。

大龅牙！

　　巨大的牙齿在深海世界算是一个优势，但这只模样恐怖的角高体金眼鲷（俗名：尖牙）显然陷入了极端。相对身体大小而言，这种动物拥有鱼类中最大的牙齿。它的下牙实在是太长了，当它把嘴巴合上的时候，下牙不得不藏在嘴里特殊的凹窝中。

海底吸尘器

　　深海海参是海洋里的清道夫，它们像吸尘器一样把浮游生物和有机碎屑扫进自己嘴里。它们也会用管足捡起海床上的残渣吃掉。这些小家伙几乎是无色的，但浑身闪烁着微弱的光。

特征

- 轻质骨骼、凝胶状组织和不发达的肌肉
- 缓慢的生活方式
- 巨大的嘴
- 具有伸缩性的胃，能装下大型猎物
- 又长又尖的牙齿，几乎可以吃掉任何东西
- 黯淡的体色，用于伪装
- 能发光，用于吸引猎物

可怕的猎手

　　这条丑得出奇的蝰鱼全身大部分就是脑袋和牙齿，它的身体侧面和腹部布满成排的发光器官。这是深海世界中最可怕的捕食者，它会以高速向猎物扑去，并用尖锐的牙齿将其一口咬住。

辛劳的鱼爸爸?

有些鱼类每年要产下超过200万枚卵。许多鱼卵就在海洋中随波漂浮，它们是安全地孵化成小鱼，还是被其他海洋生物吃掉，就完全靠运气了。也有些鱼父母产卵量比较少，但却精心地照料自己的后代。也许会令你大吃一惊的是，有些鱼爸爸要承担照料鱼卵的大部分重任。

爸爸"怀孕"了！

这只"怀孕"的海马不是妈妈，而是鱼爸爸。海马世界里的性别角色是颠倒的，只有雄性海马才有育儿袋。雌海马将卵产在雄海马的育儿袋里，雄海马则在孵化期间保护这些受精卵。在8~10天之后，雄海马挤压育儿袋口，生下自己的海马宝宝。

保卫家园

这只刺鱼尽职尽责地保卫自己的受精卵。它建造了一个舒适的巢穴，供一位或更多的鱼妈妈产卵。在之后的两个多星期的时间里，它不吃不喝，一直在巢穴附近"巡逻"，驱赶入侵者，直到幼鱼全部孵化出来。

含在口里

这只后颌鱼好像把自己的后代吃掉了！其实不是的。这种鱼类属于口育鱼。雄性后颌鱼把雌鱼产下的卵全部衔入口中，让受精卵在自己的嘴里安安稳稳地孵化。在幼鱼孵化出来之前，雄性后颌鱼完全不吃不喝呢。

头

尾

包裹起来

仔细看一看，你会发现这只隐棘鳚鱼用尾巴把鱼卵包裹得严严实实。雌鱼将卵产在雄鱼的尾巴上，然后雄鱼就会把尾巴弯折起来，精心保护这些卵，直到幼鱼孵化。

海洋生物造成的非常常见的伤害之一就是不小心踩住一只浑身是刺的海胆！在野外，被海胆刺伤通常会带来严重的疼痛或感染，如果有些刺留在了伤口里，情况会严重得多。

海黄蜂，又名澳大利亚灯水母，可以说是毒性最剧烈的海洋生物。它们生活在澳大利亚的河口与沿海水域，能长到水桶那么大，长长的触须可达3米。任何碰触了这些触须的生物，都会被注入一种毒液。这种毒液能引起剧痛、呼吸困难、呼吸骤停，甚至致人丧命。

火珊瑚其实并不是珊瑚——它看起来像是珊瑚，而且也生活在珊瑚礁里，但它实际上和水母是亲戚。这种动物长着小得几乎看不见的触手，潜水员常常会不小心触碰到它们。在四五分钟之内，碰到火珊瑚的部位就会又红又痒，有时还会感到全身都不舒服，淋巴结也会肿大，甚至还会引发严重的过敏反应。

蓝灰扁尾海蛇的毒性要比眼镜蛇高出好几倍。它们一般在夜间游到海岸边活动。大多数被蓝灰扁尾海蛇咬伤的人都是渔民，他们常常在清理缠在渔网上的海蛇时遭遇不测。海蛇咬出的伤口很小，也不太疼，常常被人忽视，到发现的时候就已经太晚了。

水中的

有些海洋生物的自卫武器，会危及被伤害者

世界上的鳐虹鱼类**超过250种**，其中虹类有10个科。这些虹鱼的尾部长有含剧毒毒液的棘刺。2006年，澳大利亚自然学家斯蒂夫·欧文就是因为被一条虹鱼的毒刺蜇入心脏而去世。

蓝环章鱼通过咬啮并注入毒性极强的毒液杀死猎物——这种毒液也能在15分钟内杀死一个成人。好在这种章鱼并不是特别具有攻击性，只有在把它激怒了的情况下才会咬人。"蓝环"这个词可不仅仅是为了给这种章鱼起一个标新立异的名字，而是因为在受到威胁时，它的身体马上就会变成明亮的彩虹色，并布满一个个蓝色环状，用来警示和吓退敌人。

人类对鲨鱼的伤害远比鲨鱼对人类的伤害多得多。已知只有少数鲨鱼种类会袭击游泳者和潜水员。其中最著名的要算大白鲨了，它们那满口尖锐的巨大白牙简直令人不寒而栗。大白鲨通常以大型海洋哺乳动物为食，但它们有时也会错把人当作自己的猎物。

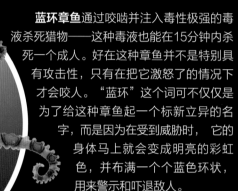

棘冠海星是体型排行**世界第二**的海星，直径可达60厘米。它有13~16条触腕，上面覆盖着尖锐的毒刺。如果你不小心踩到了一只棘冠海星，脚上的伤口很快就会红肿起来，而且持续几天甚至几周也不消退——淋巴结也可能肿大，而且还会恶心、呕吐。

玫瑰毒鲉得名于它与栖息环境中的石块完美融合的**伪装**本领。石头鱼毒性强烈，背上尖锐的毒刺能扎穿坚韧的皮鞋！如果不加治疗，毒液不仅会造成延续数月的剧烈疼痛，而且还会导致组织坏死，最后的结果就是截肢，甚至死亡。

危险

的生命！或是让其疼痛难忍。

蜇人的生物

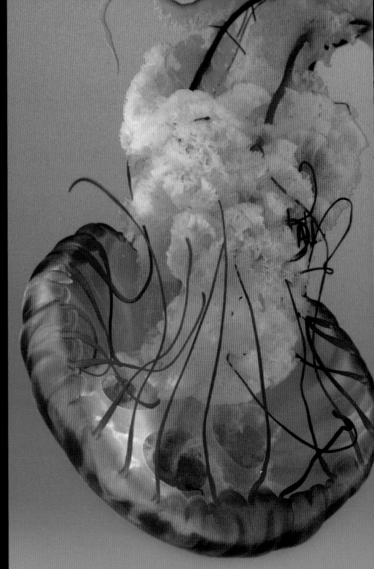

水母（以及它们的近亲——在海面上漂浮的僧帽水母）看起来都非常柔美、脆弱。不过，它们那长长的触须里其实包含着毒刺。虽然不是所有的水母都是致命的，但还是发生过因水母蜇人而死亡的事件。它们有时会聚集成大群，形成泛滥成灾的"水母潮"。

我们是好朋友

非常安全

这些小鱼并没有被这只致命的水母毒杀——它们不是猎物，而是朋友。因为这些小鱼的身体表面覆盖着一层保护性黏液，因此能安全地碰触水母的触须而不受伤害。水母反而为小鱼提供了一个安全的避难所，谁还敢靠近这些小鱼呢？

随波逐流

水母大多数时间都在洋流中漂浮。它们能通过收缩和扩张身体而喷射水流，从而推动自己前进。

灯水母的毒素能在几分钟的时间里致人丧命。

警告

如果你在一片海滩上看见这个标志，说明"小心，此处有水母出没！"甚至那些被冲上海滩的、已死亡的水母依然能蜇人。

 没有灭绝 水母已经在海洋中存在超过 5 亿年了。它们比恐龙出现得还早，而且至今依然存在！

 没有大脑 水母没有大脑。但是，水母也有着原始的神经系统，帮助它们探寻猎物、躲避危险。

狮子的鬃毛

　　狮鬃水母的有刺触须可以长达 30 米，看起来乱糟糟地绞缠在一起。如果一条鱼不小心撞上了狮鬃水母，它的触须就会立即释放出一种麻痹性的毒液，然后狮鬃水母就会吃掉失去知觉的猎物。

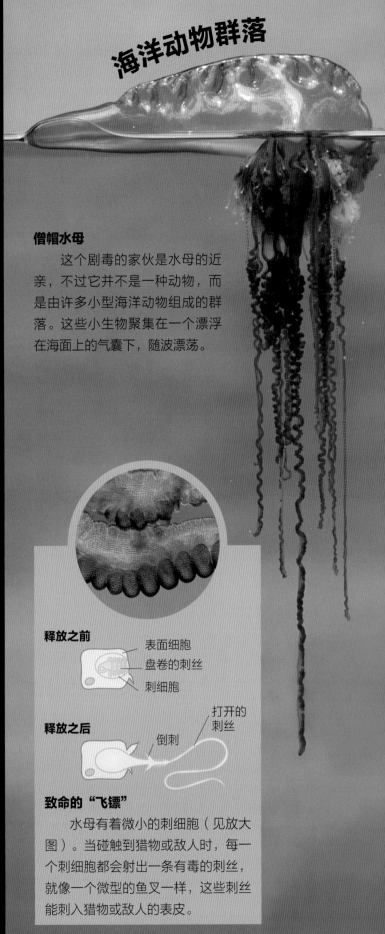

僧帽水母

　　这个剧毒的家伙是水母的近亲，不过它并不是一种动物，而是由许多小型海洋动物组成的群落。这些小生物聚集在一个漂浮在海面上的气囊下，随波漂荡。

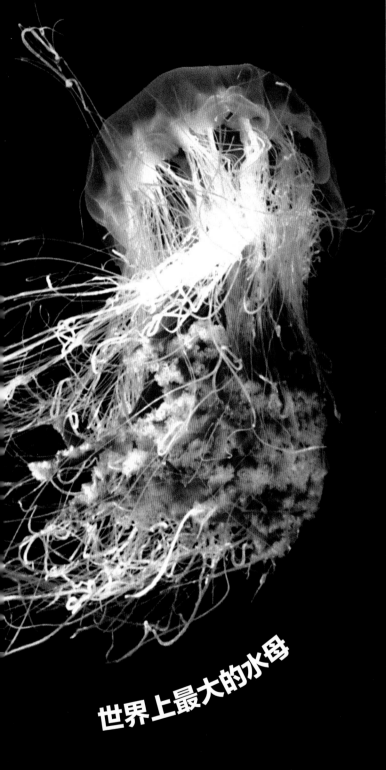

世界上最大的水母

释放之前
表面细胞
盘卷的刺丝
刺细胞

释放之后
打开的刺丝
倒刺

致命的"飞镖"

　　水母有着微小的刺细胞（见放大图）。当碰触到猎物或敌人时，每一个刺细胞都会射出一条有毒的刺丝，就像一个微型的鱼叉一样，这些刺丝能刺入猎物或敌人的表皮。

 没有眼睛　水母没有真正的头或眼睛，但它们的伞体边缘处分布着一些感光细胞。水母能分辨光亮和黑暗，并向光亮处游去。

 没有内脏　不仅如此，水母还没有心脏、骨骼和血液！水母的身体结构异乎寻常——它们似乎就是一袋子水！不过，构造如此简单的水母也会让游泳者和潜水员感到恐惧。

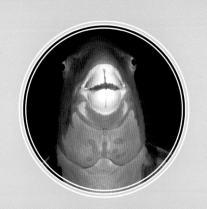

这个可爱的小家伙是谁？

鹦嘴鱼是一种**热带**鱼类。它们生活在红海、印度洋、太平洋、加勒比海的**珊瑚礁**区域。为什么叫鹦嘴鱼呢？原来它们的牙齿又长又大，而且排列得非常**紧密**，看起来好像就是上下两颗大板牙，如同**鹦鹉的喙**一样。有些**种类**的**鹦嘴鱼**可以长得非常**巨大**。

鹦嘴鱼过着忙忙碌碌的生活，它们大部分时间都在啃食珊瑚礁上的海藻。让我们来看一看吧！

珊瑚礁 鹦嘴鱼的主要食物是珊瑚礁表面的海藻，它那张鸟喙一样的嘴在刮取海藻的时候可派上了大用场。鹦嘴鱼成了珊瑚礁的海藻"清洁工"，防止藻类疯长、堵塞珊瑚礁。

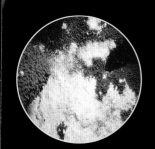 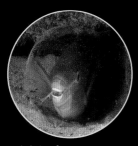 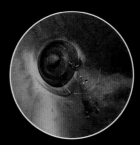  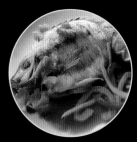

排泄物 隆头鹦哥鱼在觅食的时候，用坚硬无比的牙齿刮下小块珊瑚礁石咽进肚子。等到排泄出来的时候，这些碎礁石就成了细沙。加勒比海沙滩的形成也有这些鹦嘴鱼的一份功劳呢！

睡得香 有些鹦嘴鱼晚上睡觉时还会穿上"睡衣"！那其实是它们分泌形成的一个透明黏液袋，自己就舒舒服服地裹在里面。人们认为这件"睡衣"能保护睡梦中的鱼儿。

全身护理 和在珊瑚礁中生活的许多其他鱼类一样，鹦嘴鱼也会请清洁虾来为自己除去眼睛和嘴巴里的寄生虫、坏死组织。这种清洁工作可以减少感染和疾病的发生。

是男还是女？ 鹦嘴鱼成熟的时候可以转换性别。如果一群鹦嘴鱼中的雄性首领死去了，其中的一只雌性鹦嘴鱼就会变成雄性。而在需要的情况下，它还可以再变回来。

美味 烹调之后的鹦嘴鱼是一道有益健康的美味佳肴。然而，由于人们的过度捕捞，已经打破了鹦嘴鱼种群的生态平衡。

隆头鹦哥鱼是世界上体型最大的鹦嘴鱼，它们对潜水员的造访总是泰然处之。

刺儿头

这只刺鲀有它御敌的秘密武器。在受到威胁时，它会迅速鼓成一只"刺球"——足以让任何天敌倒掉胃口。

我会咽下许多海水，让身体膨胀到日常状态的2～3倍大。这时我的表皮绷紧了，所有棘刺也就竖立起来了。

日常状态

在缓缓游动着休息时，刺鲀身上的硬棘平服地紧贴在身体上，让它看起来像毫无反击能力的小可爱。

但是捕食者可要当心哦！

一旦刺鲀被突如其来的天敌咬在嘴里，它马上就会鼓起身体，竖起硬刺。唉哟！

也许我看起来非常可爱、弱小……

膨胀起来

刺鲀并不是一下子就鼓成圆球，而是不停地吞咽海水，将富有伸缩性的胃撑大，在几秒钟之内变成一只圆鼓鼓的"气球"。在肚子膨大的同时，它的脊柱也随之弯曲。危险解除之后，刺鲀就吐出海水，还原成平时的模样。

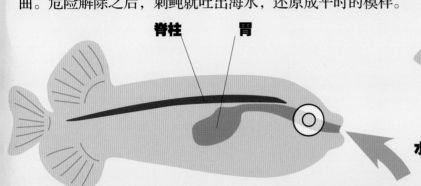

脊柱　胃

水流

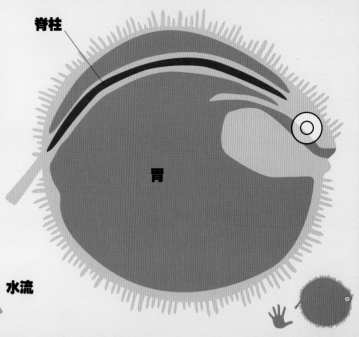

脊柱

胃

脊柱

激怒状态

但是千万别惹我生气！

浮上水面
呼吸空气

鲸的呼吸孔位于头顶，能迅速吸入、呼出大量的空气。一头鲸喷出气流的速度可以达到 **480千米/时**，其中蕴含的水蒸气转化成小水滴，能形成高达**9米**的喷水柱。

鲸会淹死吗？

虽然听起来有点不可思议，但答案确实是"鲸有可能淹死"。虽然海洋哺乳动物，比如鲸与海豚，终生生活在海洋中，但它们却依然需要浮出水面呼吸空气。鱼类通过鳃从水中获取氧气，而哺乳动物的呼吸器官则是肺。鲸和海豚间隔一段时间就会浮出水面呼吸空气，然后再潜入海中。

鲸在潜入水下时，呼吸孔周围的瓣膜紧紧关闭，防止海水进入。

鲸的呼吸中带有一股**刺鼻**的鱼腥味。

自由潜水运动员泰雅·斯特里特可以在水下屏气 **6 分钟**！

屏住呼吸

你能屏气多长时间？
也许是 **30秒钟**？海洋哺乳动物中的屏气冠军是柯氏喙鲸，它可以一口气潜入 **2000米**深的海底，屏气时间长达 **85分钟**。

大脑的控制

人类的呼吸运动由大脑自动控制，包括入睡以后。而鲸和海豚则必须加倍小心。它们不能睡熟，要不然就会停止呼吸。因此，当它们漂浮在水面上或在浅水处缓游时，就会抓紧时间打个盹儿。当鲸和海豚休息时，它们的左右大脑半球会交替保持清醒，以便控制呼吸运动。

空气供给

有些鲸（比如下图中的虎鲸）生活在极地地区，有时会因为海面结冰而不能浮上水面呼吸。它们不得不寻找冰面上的裂缝以供呼吸之用。生活在北冰洋的露脊鲸则很少遇到这种麻烦，它们有着庞大的头部，能穿破厚达30厘米的冰层，为自己开凿呼吸孔。

呼……我要上去透透气！

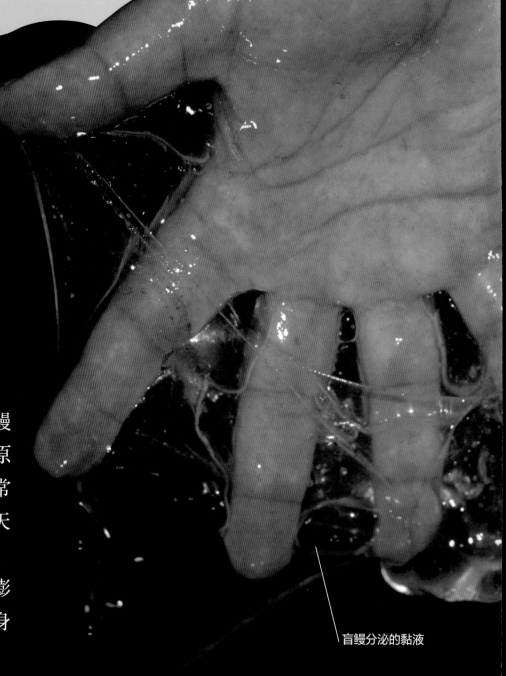

救命的黏液

盲鳗遍体白色，形似鳗鱼，几乎没有视觉，是一种原始的脊椎动物。它们有着非常独特的防身之道，一旦遭受天敌袭击，就会分泌一种黏液。这种黏液能迅速吸收海水，膨胀形成凝胶状物质，在它的身体周围产生一个黏液茧。

盲鳗分泌的黏液

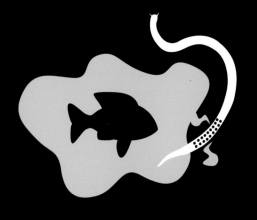

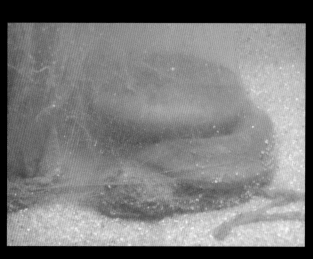

有多少黏液？

在短短几分钟之内，一只成年盲鳗就能分泌出足够将一大桶水变成凝胶的黏液。这种凝胶就像墙纸胶一样，能阻塞住天敌的嘴、眼、咽喉及鳃，甚至造成窒息死亡。

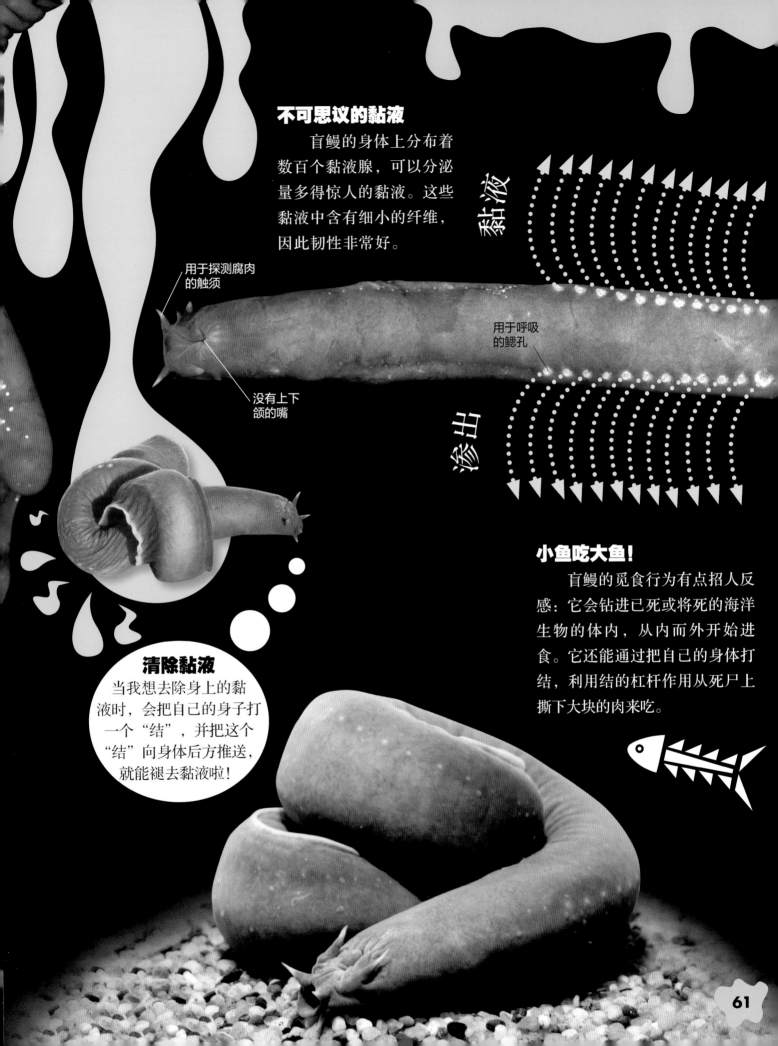

不可思议的黏液

盲鳗的身体上分布着数百个黏液腺，可以分泌量多得惊人的黏液。这些黏液中含有细小的纤维，因此韧性非常好。

黏液

渗出

用于探测腐肉的触须

用于呼吸的鳃孔

没有上下颌的嘴

小鱼吃大鱼！

盲鳗的觅食行为有点招人反感：它会钻进已死或将死的海洋生物的体内，从内而外开始进食。它还能通过把自己的身体打结，利用结的杠杆作用从死尸上撕下大块的肉来吃。

清除黏液

当我想去除身上的黏液时，会把自己的身子打一个"结"，并把这个"结"向身体后方推送，就能褪去黏液啦！

扣动扳机！

体色艳丽的扳机鱼（又名鳞鲀、炮弹鱼）是珊瑚礁里的常见鱼类。它们有着扁平的身体，高高长在头顶的小眼睛总在骨碌碌地转动着。顾名思义，扳机鱼得名于背鳍棘刺的扳机结构。

体型对比

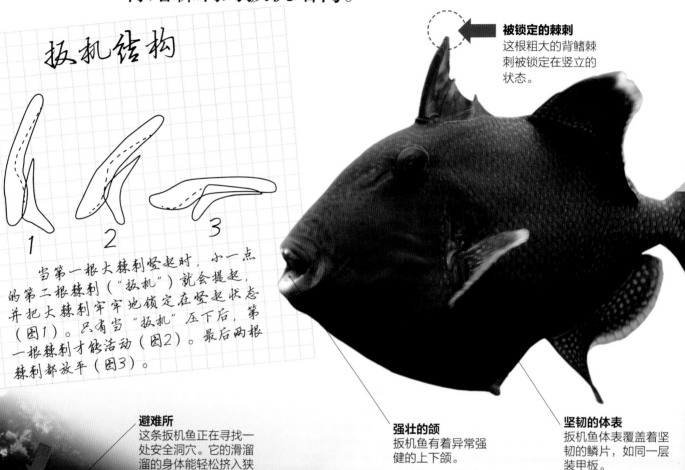

扳机结构

1 2 3

当第一根大棘刺竖起时，小一点的第二根棘刺（"扳机"）就会提起，并把大棘刺牢牢地锁定在竖起状态（图1）。只有当"扳机"压下后，第一根棘刺才能活动（图2）。最后两根棘刺都放平（图3）。

被锁定的棘刺
这根粗大的背鳍棘刺被锁定在竖立的状态。

避难所
这条扳机鱼正在寻找一处安全洞穴。它的滑溜溜的身体能轻松挤入狭窄的裂缝内。

强壮的颌
扳机鱼有着异常强健的上下颌。

坚韧的体表
扳机鱼体表覆盖着坚韧的鳞片，如同一层装甲板。

为了躲避捕食者，扳机鱼会钻进岩石或珊瑚礁的裂隙和洞穴中。它们竖起背上第一根棘刺，然后第二根棘刺作为"扳机"从后提起，锁定第一棘刺的位置。这些粗大的棘刺会把扳机鱼牢牢地固定在洞穴里，让捕食者无法将它们拖出去。

活动领域

困惑的小丑?
小丑扳机鱼好像无法对任何一种美丽的图案"忍痛割爱",只好全部长在身上啦!

"气鼓鼓"
蓝纹扳机鱼为了捕食长满棘刺的海胆,会吹出水流,让海胆被水流冲翻,露出无刺的底部。

嘎吱嘎吱!
泰坦扳机鱼能咬碎贝类坚硬的外壳,吃到鲜美的贝肉。

禁止
入内

咬!

牙齿用来

潜水员经常在珊瑚礁附近遇到扳机鱼。他们需要小心的不是扳机鱼的棘刺,而是它们的牙齿。扳机鱼的嘴很小,但是牙齿可是异乎寻常的大!这些鱼类以长着坚硬甲壳的动物为食,比如海胆、螃蟹、龙虾、海螺等。所以,如果潜水员惹怒了它们,它们能轻而易举地咬穿潜水衣。一些潜水员的耳朵、手指、脚上都留下了扳机鱼的牙印!

锥形领地

扳机鱼尽职尽责地守卫着自己的筑巢领地,领地起始于巢穴,并向上延伸,形成一个倒锥形区域。如果潜水员游经此处,会激怒扳机鱼,向上游的话可能会引起追击。最好的逃脱方法是向侧面游,远离巢区。

群游

大多数的鱼类都喜欢集群。有些鱼类还会组成一个庞大的群体，比如太平洋中的金梭鱼和六带鲹。在群体中更安全，毕竟超过 200 双眼睛要比一双更容易发现逼近的敌人。

苹果一样大的眼睛

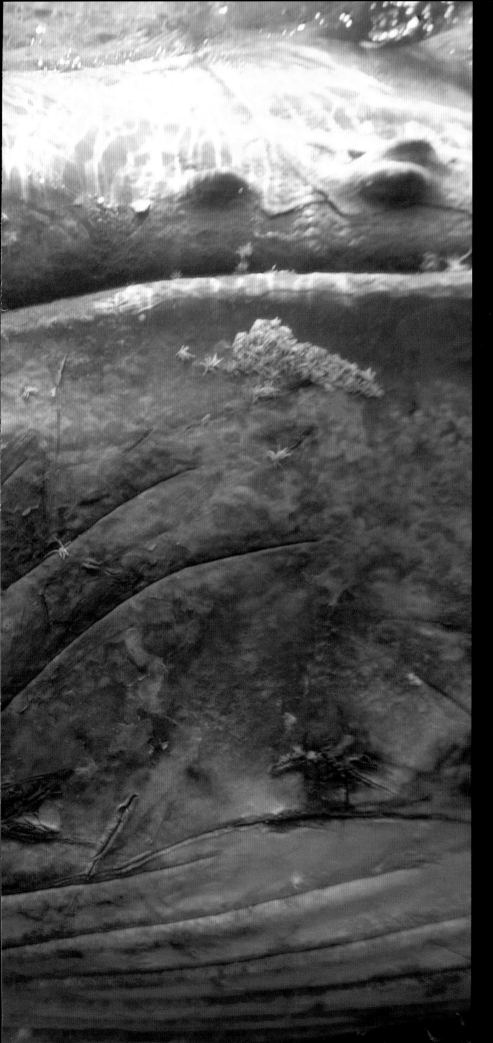

座头鲸非常庞大，可以长到15米长，不过它游起泳来却非常敏捷。与身体相比，座头鲸的头特别大，而且还长着个又长又大的下颚。

尽管鲸体型巨大，但它的眼睛只有苹果般大小。

濒临灭绝的动物——谁

很多海洋生物的生存**正受到威胁，**从濒危到灭绝。

俗名：**海鬣蜥**
学名：*Amblyrhynchus cristatus*
受危状态：易危
　　这是世界上唯一生活在海里的蜥蜴，栖息在加拉帕格斯群岛。然而它们现在常常被岛上移民者带来的猫和狗捕食。

俗名：**大西洋鳕鱼**
学名：*Gadus morhua*
受危状态：易危
　　你吃过鳕鱼吧？这种著名的食用鱼曾经一度资源丰富，然而大规模捕捞造成了数目减少。20世纪90年代，过度捕捞使大西洋鳕鱼种群数目锐减，至今还没有恢复。

俗名：**大白鲨**
学名：*Carcharodon Carcharias*
受危状态：易危
　　尽管是海洋中最危险的鱼类，这种令人恐惧的顶级捕食者并不像你想象的那样所向无敌。大白鲨望而生畏的形象反而让它成了一些休闲钓鱼活动的活靶子，还有些人为了得到大白鲨的牙齿、下颌及鳍而捕杀它们。

俗名：**蓝鲸**
学名：*Balaenoptera musculus*
受危状态：濒危
　　这个星球上最大的动物——蓝鲸，差点在20世纪上半叶被人们捕杀殆尽。从20世纪60年代开始，蓝鲸受到法律保护，但只剩下不到5000头了。

俗名：**南美长吻海豚**
学名：*Sotalia fluviatilis*
受危状态：不明
　　南美长吻海豚生活在南美洲北部区域的海岸边和河口水域。这种小型海豚受到了渔网、旅游船只及河流污染的威胁。

即将消失？

原因包括**栖息地的丧失**、*污染*、*过度捕捞*、外来物种**入侵**等，归根到底都是由人类引起的。

俗名：库达海马
学名：*Hippocampus kuda*
受危状态：易危
　　这种生物正面临着过度捕捞的危险—为了满足观赏鱼贸易和传统医药市场的需求。

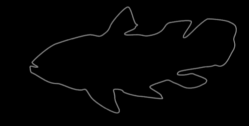
俗名：矛尾鱼
学名：*Latimeria chalumnae*
受危状态：极度濒危
　　1938年在科摩罗群岛，人们发现了一只被制成标本的鱼类，经过鉴定就是腔棘鱼。这激起了人们寻找这种"活化石"的努力。目前，已有好几百条腔棘鱼遭到捕杀。人们还在印度尼西亚的苏拉威西岛捕到过它们。

俗名：海獭
学名：*Enhydra lutris*
受危状态：濒危
　　海獭是生态系统中重要的一环。它们以海胆为食，而海胆是海洋中的"害虫"，会破坏其他生物赖以为生的巨藻林。

俗名：虹彩鹦嘴鱼
学名：*Scarus guacamaia*
受危状态：易危
　　红树林的大片消失让这种长着"鸟嘴"的珊瑚礁居民失去了安全的育婴巢。还有其他威胁，包括环境污染、过度捕捞及人们对海岸的开发。

俗名：玳瑁
学名：*Eretmochelys imbricata*
受危状态：极度濒危
　　由于人们垂涎它们的肉和美丽的甲壳，这种海龟遭到大肆捕杀。漫长的生命周期和缓慢的繁殖速率更将它们推向灭绝的边缘。

我们还能看见它们吗？

鱼儿的交流

谁在说话?

鱼类可能不会举办茶话会,但它们确实能通过一系列声音彼此交流。它们能告诉对方到哪里寻找食物、警告陌生闯入者、寻找配偶、确认其他动物是朋友还是敌人。

唧唧,唧唧,唧唧,唧唧。

黄鱼和斑高鳍石首鱼都属于石首鱼,在繁殖季节,这类鱼能发出响亮的"鼓声"。和雀鲷一样,石首鱼也是通过振动鱼鳔发出特异的声音。

有些种类的**扳机鱼**在受到威胁时,会发出"咕噜声"或"犬吠声"。

雄性雀鲷具有极强的领地性。当它们追赶入侵者(或争夺配偶的其他雄性)时,会发出"唧唧""啪啪"的声音。当它们想吸引雌性时,只会"唧唧"发声。当雌性雀鲷受到威胁时,也会发出"唧唧"和"啪啪"的声音。雀鲷是通过特殊的肌肉来振动鱼鳔(体内的空气囊,用来帮助鱼体保持平衡)发声的。

嗷嗷

啪啪,啪啪。

Z

Z

Z

Z

轰隆隆

石鲈通过摩擦两颗后牙，能发出像猪一样的"哼哼"声。这种鱼类的鱼鳔能起到共鸣腔的作用，把声音放得更大。

哼哼

毒棘豹蟾鱼在求偶时，雄鱼利用一种响亮的"隆隆"声（类似轮船鸣笛的声音）吸引雌鱼。它们也是振动鱼鳔发声的。有些人觉得这种声音很像地铁经过发出的噪声！

咯咯，咯咯。

海马和海龙会发出"咯咯"声，这是求偶仪式的一部分。它们通过摩擦头部顶端的两块骨骼，发出这种声音。

虾虎鱼在求偶期间也会发声。当它的领地遭到侵犯时，还会发出轻微的"呼噜声"。

鲱鱼将鱼鳔中的气体通过肛门排出体外（有点像把鱼鳔当作整蛊玩具放屁垫），发出高频的"放屁声"。鲱鱼只在天黑之后才发声，因此，它们发声可能是为了在看不见的情况下，利用声波寻找群体中的其他成员。

对不起！

改变

色彩

澳大利亚巨乌贼能长到近 1.5 米长。到了繁殖季节，它们就会集中在浅水区。这只雄乌贼为了吸引雌乌贼的注意，正在表演一场令人印象深刻的"色彩秀"。

乌贼的皮肤下方有特殊的色素细胞，能立即变换体色适应环境，还能展现出在我们看来简直是如梦似幻般的表演。雄性乌贼在争夺配偶时，体表会出现不断闪烁的鲜明彩色条纹。

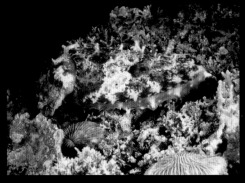

1 一只乌贼天衣无缝地伪装在背景里。

2 现在它准备改变体色了……

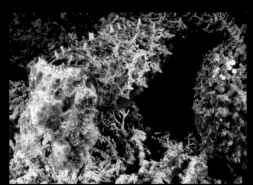

3 它的轮廓也渐渐清晰起来……

颜 色

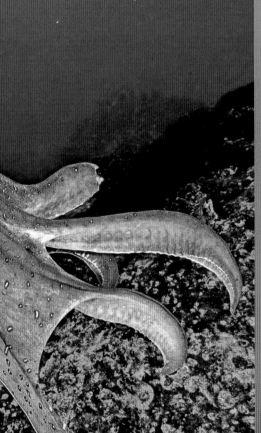

这两只乌贼友好地依偎在一起，其中一只乌贼的触手仿佛正在轻轻"抚摸"另一只乌贼。不过，这些乌贼的外层触手下隐藏着一对"致命武器"——能伸长的触手，可以对毫无防备的鱼类和螃蟹发起突然袭击，把它们捉住并塞入口中。

乌贼的视力很好，而且具有双眼视觉（立体），因此，它们主要靠眼睛发现猎物。乌贼在遇到威胁时会喷出一股墨汁，用来迷惑敌人，并让自己有时机逃跑。

乌贼不仅为了吸引异性而改变体色，它们还会为了……

伪装自己……

表现情绪……

迷惑敌人……

4 更加清晰……

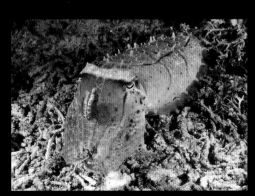

5 更加清晰……

6 这场转变仅仅发生在几秒钟的时间。

世界之最

最深的　　最小的　　最吵的　　最快的

游得最快的鱼

平鳍旗鱼　这是世界上短距离游泳速度最快的鱼类——经测定它们的最高时速可以达到110千米。相比之下，猎豹的最高时速才100千米。

最大的水母

狮鬃水母　这是世界上最大的水母，生活在北大西洋、北太平洋、欧洲北部海岸的寒冷水域。它们的直径可达2.5米，触手长度可达37米。

最大的甲壳动物

巨型蜘蛛蟹　这种螃蟹生活在日本附近的太平洋海底。它的足距通常在2.5~2.75米，而最高纪录为4米，重19千克。

蓝鲸能潜入水下200米深的地方。蓝鲸将巨大的尾巴抬出水面，然后利用强有力的背部肌肉推动自己下潜。

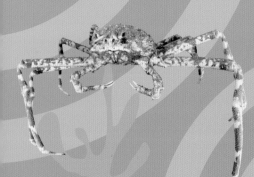

最大的无脊椎动物

大王酸浆鱿　大多数乌贼的体长在60厘米以下，而大王乌贼可以长到13米长。但更大的乌贼在2003年被发现了——大王酸浆鱿，这种巨型乌贼能达到14米长，成为现存最大的无脊椎动物。

活得最久的鱼　**阿留申平鲉**　人们很难知道野外生活的鱼类到底能活多少年——只能通过给它们做标记，或通过鱼鳞和耳骨上的生长环推测它们的年龄。通过这样的方法，人们发现，生活在太平洋的阿留申平鲉的寿命能达到205年。

阿留申平鲉

最吵的　最深的

最值钱的
鱼

欧洲鳇 这种鲟鱼的鱼卵经过清洗、晒干或盐腌，可以制成鱼子酱——世界上最昂贵的食品之一。1924年，人们捕到一条雌性欧洲鳇，用它体内的鱼卵制成了245千克的顶级鱼子酱，在今天价值超过100万英镑（约1000万人民币）。

最小的
鱼

胖婴鱼 这种世界上最小最轻的海生鱼类（同时也是已知最短的脊椎动物），生活在澳大利亚的大堡礁。目前一共只发现了6只。雄性只有大约7毫米长，雌性要稍微长一些。

最毒的
鱼

纹腹鲀 生活在红海和印度洋，它的肝脏中含有剧毒。在日本，这种鱼类的鲜肉被人们做成生鱼片，尽管品尝这种美味要冒着中毒、死亡的危险。

最深的
地方

马里亚纳海沟 位于日本附近的太平洋，深度达11千米。这里是全世界海洋的最深区域。

最长的　　最大的

最大的
贝类

砗磲 1965年，人们发现了长达137厘米的砗磲。1917年也曾发现过长达120厘米，重达263千克的砗磲。

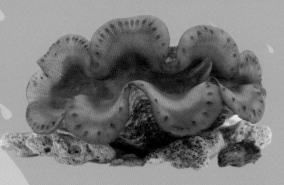

最远的
飞行

飞鱼 并不是真正在飞，而是利用宽大、强健的鳍划破水面、在空中滑行。借助风力和洋流，有些飞鱼能滑翔200米远，离开水面10米高。

最吵闹的
海洋生物

蓝鲸、长须鲸、北露脊鲸 这些动物发出的低频声波可以达186~189分贝，是地球上的生物所能发出的最大声音。相比之下，一架喷气式飞机起飞时的噪声才120分贝。

最长的
蠕虫

鞋带虫 最长的海洋蠕虫，也可能是世界上最长的蠕虫。它们生活在北海的浅水区。1864年，人们在海滩上发现了一只被冲上岸的鞋带虫，体长超过55米。

最大的
动物

蓝鲸 不仅是海洋中最大的生物，也是全世界最大的现存动物。1926年，人们在设得兰群岛附近捕获了一头蓝鲸，体长达33.6米。它的心脏有一辆小型汽车那么大，舌头上可以站足足50个人！

寿命最长的生物　北极圆蛤　2007年，人们在冰岛北海岸80米深的水下采到了一只圆蛤，经过测定，科学家估计这只圆蛤已经活了405~410年。它可能是世界上活得最长的动物了！

北极圆蛤

最小的　　最快的　　　最长的　　　最大的

小小漂流家

随波逐流

浮游生物的名字来源于希腊语中的"漂浮"。这也正是浮游生物的真实写照——在洋面上自由漂浮、随波逐流。

海洋中的阳光带生命繁多。在表层水域中，暗藏了**无数**你用肉眼**看不见**的微小动物、植物、微生物——统称为**浮游生物**。这些小生命一生都在洋面上漂游。

1. 海参幼体　**2.** 放射虫　**3.** 海螺幼体　**4.** 鱼卵　**5.** 水母　**6.** 虾幼体　**7.** 桡足动物

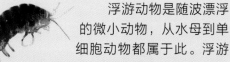

浮游植物

　　浮游植物是生活在海洋表层的微小植物。它们利用阳光进行光合作用，产生赖以为生的能量。它们也会从海水中吸取营养物质供自己所需。主要的浮游植物包括硅藻、甲藻、蓝藻。

浮游动物

　　浮游动物是随波漂浮的微小动物，从水母到单细胞动物都属于此。浮游动物可以分为两大类别：永久性浮游生物一生都过着浮游生活，比如磷虾和桡足动物；阶段性浮游生物则包括鱼类、甲壳类及其他海洋生物的卵和幼体，这些生物最终会长成自由游泳类或底栖类的成体。

浮游细菌

　　这些微生物在生态系统中扮演着重要的角色——它们能分解有机物、促进物质循环。

如果粉笔会说话

　　这些陡峭的悬崖竟然是由死去的浮游生物残体构成的！石灰石和白垩（用来制造粉笔的矿物）正是远古时期微小的动植物残骸形成的。当这些小生物死亡后，它们的残骸沉入海底。经过数百万年的时间，最终就形成了这些悬崖。

泛滥成灾

　　当海水中营养丰富时，浮游植物的数量就会猛增。大面积的藻华，甚至在太空中也能看见。右图为爱尔兰的西海岸，图中淡蓝色的区域就是藻华。

浮游植物

浮游动物

鲱鱼

海狮

虎鲸

环环相扣

　　浮游生物是海洋食物链的起点。浮游植物和浮游细菌从海水中汲取营养，供自己生长。然后它们被浮游动物吃掉。浮游动物又成为小鱼和鱿鱼的食物。小鱼和鱿鱼又被更大的动物吃掉，比如虎鲸或大白鲨。

术语表

氨基酸（Amino acids）：组成蛋白质的化合物。

鳔（Swim bladder）：硬骨鱼体内的一种器官，使它们不需要摆动鱼鳍就可以在水中的某个位置停留。

捕食者（Predator）：杀死并吃掉其他动物的动物。

哺乳动物（Mammal）：一类生有毛发、用乳汁哺育幼兽的动物。海豹和海豚都是哺乳动物。

彩虹色（Iridescence）：从不同角度看去，呈现不同颜色的一种视觉效果。鱼鳞通常具有彩虹色。

产卵（Spawning）：水生动物将大量的卵产在水中，以便受精和孵化。

超深渊带（Hadal zone）：深海区以下的更深的水域，这里的海底常常下陷形成海沟。

触须、触手（Tentacles）：许多动物嘴边的长长的、柔韧的结构，用于感觉或抓握食物。

倒刺（Barb）：棘刺上的反向的小刺，用于在刺入动物体后钩住组织，难以取出。

毒液（Venom）：动物噬咬或蜇刺时释放的有毒液体。

发光器官（Photophores）：深海生物体内进行生物发光的器官。

浮游生物（Plankton）：漂浮在水中生活的微小动植物，分为浮游动物和浮游植物两种，它们是其他许多动物的食物来源。

光合作用（Photosynthesis）：植物和藻类利用太阳光制造食物的过程。

河口（Estuary）：江河入海的区域。

棘皮动物（Echinoderm）：一类拥有管足、身体呈五辐射对称、没有头部的动物。海星和海胆都属于棘皮动物。

脊椎动物（Vertebrate）：具有脊椎的动物。鱼类、鲸、海豹都属于脊椎动物。

寄生虫（Parasite）：生活在其他生物体表或体内的微小生物，并依靠寄主生存。

甲壳动物（Crustacean）：一类具有分节的身体、坚硬外骨骼的动物。螃蟹、虾、龙虾都属于甲壳动物。

精子（Sperm）：雄性生殖细胞，与雌性的卵子结合后即可产生新的生命。

鲸须（Baleen）：须鲸类嘴里生有的坚韧、富有弹性、梳子形状的结构，用于滤食海水中的浮游生物。

猎物（Prey）：被捕食者杀死并吃掉的动物。

磷虾（Krill）：一种生活在海洋中的微小的、虾形的动物，它们是许多海生动物的主要食物来源（比如蓝鲸）。

领地（Territory）：动物居住、觅食的区域，并会保护、捍卫这片区域，赶走入侵者。

灭绝（Extinction）：一个物种最后的个体也不存在了。

潜水器（Submersible）：一种小型的潜水探测器。

腔肠动物（Cnidarian）：一类拥有刺细胞的低等动物，水母和珊瑚虫都属于腔肠动物。

软骨（Cartilage）：组成鲨鱼骨骼

北太平洋巨型章鱼

的一种坚韧、富有弹性的组织。

软体动物（Mollusc）：一类身体柔软的动物，有些具有贝壳，有些则完全裸露。章鱼、蜗牛、蛤、鱿鱼都属于软体动物。

加勒比真鲨

鳃（Gills）：水生生物（特别是鱼类）的呼吸器官。鳃从水中吸收氧气，并释放出二氧化碳。

色素（Pigment）：使生物呈现不同颜色的物质。

深渊带（Abyssal zone）：海面下4000~6000米深的区域。

生物发光（Bioluminescence）：一些生物通过一种化学反应能产生光。

溯河洄游鱼类（Anadromous fish）：一类出生于淡水水域，在海洋中成长的鱼类。它们在繁殖季节从海洋洄游到出生的河溪中去产卵。

外骨骼（Exoskeleton）：甲壳动物体表的骨骼。

伪装（Camouflage）：动物进化出特殊的体型和颜色，使之融入周围的环境，躲避敌害。

无脊椎动物（Invertebrate）：没有脊椎的动物类群。甲壳动物、海生蠕虫、蜗牛、海蛞蝓、珊瑚虫、海星及海参都属于无脊椎动物。

物种（Species）：生物分类的最基本单位，一个物种的个体之间

潜水员

可以交配并繁衍后代。

消化系统（Digestive system）：身体中用于分解、吸收食物的结构。

须鲸（Rorqual）：长有鲸须的鲸中体型最大的一个类群，包括蓝鲸、座头鲸、小须鲸。

营养物质（Nutrients）：有机体生存所必需的物质。

黄尾笛鲷

远洋带（Pelagic zone）：远离海床的开阔海域，生活在这里的生物称为远洋生物。

藻类（Algae）：海洋中的低等植物，包括海草和浮游植物。

致 谢

Dorling Kindersley would like to thank Devika Dwarkadas, Parul Gambhir, Aradhana Gupta, and Vaibhav Rastogi for design assistance.

The publisher would like to thank the following for their kind permission to reproduce their photographs:

(Key: a-above; b-below/bottom; c-centre; f-far; l-left; r-right; t-top)

2-3 Corbis: Mike Agliolo. **4 Dorling Kindersley:** NASA (cl). **Science Photo Library:** John Sanford (cla). **5 Getty Images:** The Image Bank / Zac Macaulay (tr). **6 Dreamstime.com:** Carol Buchanan (l). **Shutterstock:** Paul Whitted (r). **7 Alamy Images:** Mark Newman / SCPhotos (l). **Shutterstock:** Kristian Sekulic (r). **8 Corbis:** Stuart Westmorland (ca). **Dreamstime.com:** Dirk-jan Mattaar (fclb); Dwight Smith (c); Asther Lau Choon Siew (cr). **Getty Images:** Photographer's Choice / Pete Atkinson (cb). **imagequestmarine.com:** Peter Batson (crb). **naturepl.com:** Ingo Arndt (cra). **SeaPics.com:** Doug Perrine (cl). **9 Alamy Images:** Natural Visions (cra). **Corbis:** Rick Price (fclb). **Dreamstime.com:** Ivanov Arkady (c); Nico Smit (fcl); Daniel76 (cl); Elisei Shafer (crb). **imagequestmarine.com:** Kike Calvo (c); Peter Parks (fcla). **NHPA / Photoshot:** A.N.T. Photo Library (cr). **Shutterstock:** Mindaugas Dulinskas (ftr); Herve Lavigny (clb); Hiroyuki Saita (fcra); Paul Vorwerk (fcr). **10-11 SeaPics.com:** Doug Perrine. **10 Corbis:** Handout / Reuters (fbr, br). **12-13 imagequestmarine.com:** Masa Ushioda. **12 Shutterstock:** Wayne Johnson (br). **13 Dorling Kindersley:** Peter Minister - modelmaker (br). **Dreamstime.com:** Jan Daly (bc). **iStockphoto. com:** Stephen Meese (bl). **Shutterstock:** Hiroshi Sato (tr). **14 Alamy Images:** f1 online / F1online digitale Bildagentur GmbH (tl). **Dorling Kindersley:** Natural History Museum, London (bc, bc / right, br, br / right, fbr). **14-15 Alamy Images:** f1 online / F1online digitale Bildagentur GmbH. **16-17 Robert Clark. 16 Science Photo Library:** Eye of Science (bl, br). **17 Action Plus:** Neale Haynes (bl). **Getty Images:** Photographer's Choice / Zena Holloway (tc). **18 SeaPics.com. 19 Dorling Kindersley:** Martin Camm (clb, fclb, cb). **Getty Images:** National Geographic / Bill Curtsinger (cl). **iStockphoto. com:** Bülent Gültek (br). **SeaPics.com:** (tr). **22-23 Ardea:** Gavin Parsons. **24 Dorling Kindersley:** David Peart (tr). **OceanwideImages.com:** Gary Bell (br). **Science Photo Library:** Gregory Ochocki (cl). **25 Alamy Images:** Mark Conlin / VWPics / Visual&Written SL (tl). **Camera Press:** laif / Arno Gasteiger (bl). **Corbis:** Brandon D. Cole (br). **FLPA:** Minden Pictures / Norbert Wu (cl). **Shutterstock:** Daniel Gustavsson (cra). **26 Corbis:** Stephen Frink (c). **naturepl.com:** Doug Perrine (br). **SeaPics.com:** Mark Conlin (cla). **27 Alamy Images:** Dave Marsden (cl). **Corbis:** Visuals Unlimited (tr). **naturepl.com:** Philippe Clement (cb); Peter Scoones (ca); Kim Taylor (cr). **SeaPics.com:** Reinhard Dirscherl (br). **28 Alamy Images:** The Print Collector (c). **Dorling Kindersley:** Town Docks Museum, Hull (crb, br, fbr). **New Brunswick Museum, Saint John, N.B.:** X10722 (bl). **28-29 Corbis:** Denis Scott. **29 Alamy Images:** The Print Collector (ca); Jeremy Sutton-Hibbert (cra); Ragnar Th Sigurdsson / Arctic Images (cr). **Dorling Kindersley:** Judith Miller / Bucks County Antiques Center (cla); Town Docks Museum, Hull (cla, cl, bl). **Mary Evans Picture Library:** (cb). **30 Dorling Kindersley:** Peter Minister - modelmaker (c). **31 Dorling Kindersley:** Peter Minister - modelmaker (t, c, br). **32 Dorling Kindersley:** Natural History Museum, London (c). **33 Dorling Kindersley:** Peter Minister - modelmaker (t). **34 Alamy Images:** Images&Stories (br). **Getty Images:** Gary Vestal (c). **35 Alamy Images:** Alaska Stock LLC (clb). **Ardea:** Tom & Pat Leeson (tr). **Bonneville Power Administration:** (br). **Corbis:** Andy Clark / Reuters (bc). **Getty Images:** Altrendo Images (cla); Taxi / Jeri Gleiter (ca); Stone / Gary Vestal (cb). **imagequestmarine.com:** Mark Conlin / VWPics.com (tl, bl). **36 Alamy Images:** blickwinkel (c). **Corbis:** Jonathan Blair (cr). **FLPA:** Minden Pictures / Chris Newbert (tc, tr, br). **Getty Images:** Jeff Rotman (bc). **37 Alamy Images:** Danita Delimont (tl). **FLPA:** Reinard Dirschel (bc, br); Minden Pictures / Chris Newbert (tr, cl, c, bl). **Getty Images:** Jeff Rotman (tc). **38 Fotolia:** Stephen Coburn (background). **Getty Images:** Minden Pictures /

Norbert Wu (tl); Riser / David Hall (tr). **Shutterstock:** Stephan Kerkhofs (tc). **39 Getty Images:** Minden Pictures II / Norbert Wu. **40 Getty Images:** National Geographic / George Grall (tr); Oxford Scientific / Karen Gowlett-Holmes (cl). **Natural Visions:** Peter David (fcl). **naturepl.com:** Doug Perrine (ftr). **40-41 Photolibrary:** James Watt. **41 Alamy Images:** David Fleetham (br). **FLPA:** Gerard Lacz (cb); Minden Pictures / Fred Bavendam (cr). **Getty Images:** Oxford Scientific (tc). **Photolibrary:** David B. Fleetham (tr, bc). **42-43 Corbis:** Stephen Frink. **43 Alamy Images:** Mark Conlin (cra). **NHPA / Photoshot:** Bill Wood (crb). **44-45 Alamy Images:** Brandon Cole Marine Photography. **45 imagequestmarine. com:** Peter Herring (br); Masa Ushioda (tr). **Science Photo Library:** Steve Gschmeissner (cr); James King-Holmes (tl). **46 imagequestmarine.com:** Peter Herring. **47 imagequestmarine.com:** Peter Batson (bl); Peter Parks (crb). **SeaPics.com:** Scripps Institution of Ocean Technology (cla). **48 SeaPics. com:** (cr). **49 naturepl.com:** Kim Taylor (tr). **SeaPics. com:** (tl, bc, br). **50 Alamy Images:** Brandon Cole Marine Photography (bl); Visual&Written SL (cra). **Getty Images:** Tobias Bernhard (tl). **SeaPics.com:** Jez Tryne (crb). **51 Alamy Images:** Michael Patrick O'Neill (cb); Stephen Frink Collection (cla). **Dorling Kindersley:** David Peart (c / background); David Peart (tr / background); Weymouth Sea Life Centre (c, crb). **52 Alamy Images:** Todd Muskopf (tr). **Getty Images:** Oxford Scientific / Thomas Haider (cl); Oxford Scientific / Karen Gowlett-Holmes (br). **NHPA / Photoshot:** Michael Patrick O'Neill (crb). **53 Alamy Images:** David Fleetham (cl). **NHPA / Photoshot:** A.N.T. Photo Library (r); Image Quest 3D (cr). **54 Alamy Images:** David Fleetham (tl). **SeaPics. com:** Doug Perrine (tr). **54-55 SeaPics.com:** James D. Watt. **55 Alamy Images:** Tim Hill (ftr). **Getty Images:** National Geographic / David Doubilet (tl). **NOAA:** A.W. Bruckner (ftl). **OceanwideImages. com:** Gary Bell (tr). **SeaPics.com:** Espen Rekdal (tc). **56 Getty Images:** Perspectives / Fleetham Dave. **58 Ardea:** François Gohier (tc). **SeaPics.com:** Phillip Colla (crb). **59 Alamy Images:** Buzz Pictures (r). **FLPA:** Minden Pictures / Norbert Wu (bl). **iStockphoto.com:** Kenneth C. Zirkel (tr). **Science Photo Library:** Christopher Swann (tl). **SeaPics. com:** (c). **60 Corbis:** Brandon D. Cole (tr, bc). **61 Corbis:** Brandon D. Cole (cra). **Christine Ortlepp:** (cl). **Science Photo Library:** Tom McHugh (b). **62 Dorling Kindersley:** David Peart (bl). **Dreamstime. com:** Ian Scott (cr). **63 Alamy Images:** Wolfgang Polzer (br). **Dorling Kindersley:** Paul Springett (tr). **FLPA:** Reinard Dirschel (cr). **Shutterstock:** Kristian Sekulic (l). **64-65 FLPA:** Minden Pictures / Chris Newbert. **66-67 Getty Images:** Image Bank / Sue Flood. **70 Dreamstime.com:** Darren Bradley (bl); Rui Matos (c); Ian Scott (crb). **Science Photo Library:** Charles Angelo (cl). **70-71 SeaPics.com:** Dwight Smith (t). **71 Dreamstime.com:** Tissiana (c). **naturepl.com:** David Shale (br). **Science Photo Library:** Volker Steger (cl). **Shutterstock:** jokter (cla); John Rawsterne (tr); Kristian Sekulic (cl, clb); Olav Wildermann (fbl). **72-73 Oceanwideimages. com:** Gary Bell. **72 NHPA / Photoshot:** Trevor McDonald (bl, bc, br). **73 FLPA:** Reinard Dirschel (cb). **NHPA / Photoshot:** Trevor McDonald (bl, bc, br); Linda Pitkin (cr). **OceanwideImages.com:** Gary Bell (ca, c). **74 Dorling Kindersley:** Colin Newman (c). **Getty Images:** Photodisc / Ken Usami (clb). **R.E. Hibpshman:** (bl). **NHPA / Photoshot:** Image Quest 3D (c). **74-75 OceanwideImages. com:** L. Sutherland. **75 Corbis:** Tony Arruza (cr). **Getty Images:** Minden Pictures / Ingo Arndt (br). **Sion Roberts:** (fcrb). **76 SeaPics.com. 77 Alamy Images:** Colin Palmer Photography (cl); Park Dale (bc). **Dorling Kindersley:** Martin Camm (fbr). **ESA:** ENVISAT (cr). **Photolibrary:** Harold Taylor (c). **Science Photo Library:** British Antarctic Survey (tc); Eric Grave (ftl); Claire Ting (fcra); Steve Gschmeissner (cla); John Clegg (fcla, fbl); Manfred Kage (ca). **78-79 brandoncole.com:** (b, c). **Getty Images:** Photographer's Choice / Zena Holloway (background). **80 Science Photo Library:** Georgette Douwma (l).

Jacket images: Front: Corbis: Denis Scott c. **Getty Images:** The Image Bank / Lumina Imaging t. **Back: Dorling Kindersley:** Weymouth Sea Life Centre l. **Spine: Alamy Images:** Garcia / Photocuisine b. **Getty Images:** Photographer's Choice / Jeff Hunter t.

All other images © Dorling Kindersley

For further information see: **www.dkimages.com**